"十二五"职业教育国家规划教材配套用书

职业教育·通用课程教材

Gongcheng Lixue Xuexi Zhidao

工程力学学习指导

（第4版）

孔七一　主　编

苏巧江　主　审

人民交通出版社股份有限公司

北　京

内 容 提 要

　　本书是"十二五"职业教育国家规划教材《工程力学》(第6版)的配套辅导书,可供教师教学和学生学习使用。本书涵盖了工程力学课程的知识要点、能力要求和素质要求。为突出高职教育的实践性和应用性,帮助学生掌握力学基本知识,本书选编了大量习题,并设计了结合工程实际的实践学习项目和结合课程思政育人理念的实践学习任务。此外,对接道路与桥梁工程技术专业教学标准,本书还提供了课程授课进度计划、课外考察(调研)报告单、学习小组活动记录表和学习任务报告单,充分体现了工学结合的理念,突出应用,内容丰富,注重培养学生的职业能力和职业素养。

　　本书可以作为高职院校道路与桥梁工程技术专业和土建类相关专业力学课程的教学辅助用书,也可以作为相关技术人员的学习参考用书。

　　本书配套了完整的练习题答案,可通过扫描封面二维码,完成注册后观看。

图书在版编目(CIP)数据

工程力学学习指导/孔七一主编. —4 版. —北京:
人民交通出版社股份有限公司, 2023.6

ISBN 978-7-114-18559-5

Ⅰ.①工… Ⅱ.①孔… Ⅲ.①工程力学 Ⅳ.
①TB12

中国版本图书馆 CIP 数据核字(2022)第 256290 号

"十二五"职业教育国家规划教材配套用书
职业教育·通用课程教材

书　　　名:**工程力学学习指导**(第4版)
著 作 者:孔七一
责任编辑:李　瑞
责任校对:赵媛媛　龙　雪
责任印制:刘高彤
出版发行:人民交通出版社股份有限公司
地　　　址:(100011)北京市朝阳区安定门外外馆斜街3号
网　　　址:http://www.ccpcl.com.cn
销售电话:(010)59757973
总 经 销:人民交通出版社股份有限公司发行部
经　　　销:各地新华书店
印　　　刷:中国电影出版社印刷厂
开　　　本:787×1092　1/16
印　　　张:11
字　　　数:253 千
版　　　次:2008 年7月　第1版　2015 年8月　第2版
　　　　　　2019 年10月　第3版　2023 年6月　第4版
印　　　次:2024 年1月　第4版　第2次印刷　总第25次印刷
书　　　号:ISBN 978-7-114-18559-5
定　　　价:30.00 元

(有印刷、装订质量问题的图书,由本公司负责调换)

《工程力学学习指导》第 1 版于 2008 年 7 月出版至今,截至 2023 年已累计印刷 23 次。本书内容涵盖了《工程力学》(第 6 版)的知识要点、能力要求和素质要求,其中基于知识学习任务的单元练习有 12 个,基于工程应用任务的学习项目有 11 个,基于课程思政育人的实践学习任务书有 8 份。本书将理论教学与工程实践的内容相互融合,引导教师以学生为中心改革教学方式。同时提供了工程力学课程教学大纲、授课进度计划、课外考察(调研)报告单、学习小组活动记录表和学习任务报告单,供教师组织教学时使用。

本书在《工程力学学习指导》(第 3 版)的基础上,更新和修改了如下内容:

(1)新增了第三部分,8 份实践学习任务书,为部分学习单元的课程育人学习项目提供了素材和实施方案,方便学生学习和教师组织教学。

(2)根据教育部高职专业教学标准和人才培养目标,修订了工程力学教学大纲。

(3)重新编写了第五单元连接件的实用计算和第六单元圆轴的扭转变形与强度计算。

(4)补充和更新了全部习题答案。对各单元的计算题和作图题提供了习题解答,可通过扫描封面上的二维码获取。

(5)对本书中部分内容和文字进行了删改和勘误。

参加本书修订编写的有:孔七一(第一、二、三、四、七、八单元,实践学习项目 6 项、实践学习任务 6 项及附录)、邹宇峰(第五、六单元)、邓林(第九、十、十一、十二单元,实践学习项目 5 项,实践学习任务 2 项)。

　　本书由湖南交通职业技术学院孔七一担任主编并统稿,由湖南路桥建设集团有限责任公司苏巧江高级工程师担任主审。对参与本书计算题解答的力学助教:王助、代堤、曾建钧、洪逸舟、陈聪、黄宇、杨松瀚、杨涵、胡明雍、周阳、龙文涛、李希煌、林乐怡、赖倚威深表感谢。

　　工程力学课程资源网址为:http://www.icourses.cn/sCourse/course_3521.html.,供学生学习参考。

　　书中不妥之处,恳请同行和读者批评指正。

编　者

2023 年 1 月

目·录
Contents

第一部分　单元练习

第二部分　实践学习项目

第三部分　实践学习任务

附　　录

PART 1 | 第一部分
单元练习

单元一
UNIT ONE

导论与静力学基本知识

一、学习要求

（1）能够举例说明工程力学的研究对象和任务；

（2）能够以一个实例来解释强度、刚度和稳定性的概念；

（3）可以分辨杆件的四种基本变形；

（4）能够描述力对点的矩、力偶、力偶矩等概念；

（5）列举一个实例叙述静力学的基本公理；

（6）能够叙述力的平移定理；

（7）能够根据实际要求画出单个物体或物体系统的受力图；

（8）熟悉工程力学中的基本假定。

二、请你参与

序号	项　目	内　容
1	抄写本单元标题	
2	自主学习形式	课前预习□　课后复习□　按时完成作业□　参加小组学习研讨□ 观看视频□　完成课外阅读□　完成实践学习任务□　线上学习□ 其他：_____
3	摘写本单元小结	列出主要概念、定理、公式：

续上表

序号	项　　目	内　　容
4	概述学习体会	概念:容易理解□　课内学懂□　课后复习后理解□　理解困难□ 计算:容易掌握□　课外通过学习互助后能够掌握□　非常困难□ 作图:已经掌握□　经辅导和研讨后掌握□　不会作图□ 进度:进度太快□　进度适中□　进度较慢□ 其他:对专业、行业认知有提高□　学习兴趣增加□　科学素养有提高□ 　　　了解职业精神□　团队合作能力提高□　表达能力提高□ 　　　获取有效信息能力提高□ 　　　其他:_____
5	提出疑难问题	最难理解的概念: 不会计算的习题(写出题号): 难以掌握的作图题(写出题号): 需要提供的学习指导方式:教师线上辅导□　小组合作研讨□ 　　　　　　　　　　　　学长助教□　习题课□　实践学习任务□ 　　　其他:_____
6	作出自我评价	本单元学习效果:优秀□　良好□　合格□　有待提高□
请你在学习开始之际填写第1、2项,学完本单元之后填写第3~6项,选项中可勾选多个			

三、问题解析

1. 如何准确地理解力的概念?

解:力是物体之间相互的机械作用,其作用效果是:使物体的运动状态发生变化或使物体发生变形。

理解力的概念应注意下述几点:

(1)力不能脱离物体而单独存在;

(2)有力存在,就必定有施力物体和受力物体;

(3)力是成对出现的,有作用力就必有其反作用力。

力有两种作用效果,即可以使物体的运动状态发生变化,也可以使物体发生变形,如锤头可以把烧红的铁打扁等。力的前一种效果称为力的外效应,后一种效果称为力的内效应。这两种效应通常是同时发生的,只是有的明显有的不明显罢了。在静力学中,我们只研究力的外效应。

2. 如何准确地理解约束与约束反力的概念?

解:凡是对某一物体的运动起了限制作用的其他物体,就叫作这一物体的约束。约束作用于被约束物体上的力叫作约束反力,有时也简称为约束力。约束反力的方向总是与约束所限制的运动方向相反。

如用绳索悬吊物体,由于绳索限制了物体的运动(只限制了物体向下的自由运动,但不限制物体向上运动),所以绳索就是该物体的约束,绳索作用于物体上的拉力就是物体所受到的约束反力,其方向向上(与绳索所限制的运动方向相反)。

3. 力与力偶有何异同？

解：力是物体之间相互的机械作用，其作用效果可使物体的运动状态发生变化或者使物体发生变形。而力偶是由两个大小相等、方向相反、作用线平行且不重合的力所组成的特殊力系。力偶也是物体之间相互的机械作用，其作用效果也是使物体的运动状态发生变化或者使物体发生变形。

力与力偶的作用效果并不等同。力可以使物体平行移动，也可以使物体转动，但是力偶只能使物体转动，而不能使物体平行移动。力偶没有合力，所以力偶不能用一个力来代替，也不能用一个力来平衡。力偶只能用力偶来代替，也只能与力偶平衡。力与力偶是物体之间相互作用的两种简单、基本的形式。可见，不论两个物体之间的相互作用多么复杂，归根到底不外乎是一个力或是一个力偶，抑或是力与力偶的组合。

4. 画受力图时应注意哪些问题？

解：（1）一般除重力和已给出的力外，物体只有与周围其他物体相互接触或连接的地方才有力的相互作用。因此在画受力图时，除画出主动力和已给出的力外，还应根据这些接触或连接地方的约束类型画出相应的约束反力。

（2）约束反力应根据约束的类型画出，而不应该根据主动力去猜测。若为二力构件，约束反力应画在两个力作用点的连线上，这种约束反力应先画出。

（3）画刚体系整体的受力图时，各部分间的内力不要画出，只画外力。

5. 在对物体系统进行受力分析作受力图时，需要注意哪些问题？

解：（1）在作整体的受力图时，不要画内力（内力即物体系统中各个物体之间相互的作用力），而只画作用于整体上的所有外力，即主动力与约束反力。

（2）当需要把整体拆开分别取研究对象作受力图时，要注意各部分间相互连接处的作用力与反作用力的关系，且不要把已知的主动力漏画或错画。图 1-1a）中 AC 与 CD 两部分的受力图如图 1-1b）、c）所示。

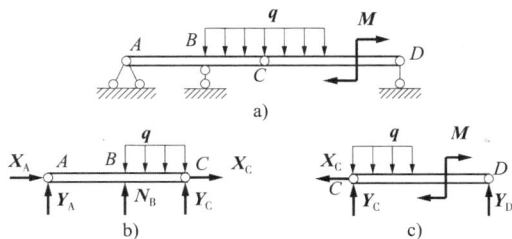

图　1-1

当假定图 1-1c）中铰链 C 点处的约束反力 X_C 与 Y_C 后，在图 1-1b）中铰链 C 点处约束反力就应根据作用力与反作用力的关系画出，而不能另行假定。

此外，分布荷载应如图 1-1b）、c）所示。分布荷载必须按实际分布情况在受力图上表示出来，不能用其合力来代替。若将分布荷载当作一集中力作用于铰链 C 点处，则拆开画受力图时，无论此集中力画在哪一部分的 C 点上都是错误的。

（3）当约束反力的方向不能确定时，可先假设它的方向，图 1-1c）中 X_C 与 Y_C 的方向就是假设的。

四、练习题

1. 判断题

( )1-1 所谓刚体,就是在力的作用下,其内部任意两点之间的距离始终保持不变的物体。

( )1-2 力有两种作用效果,即力可以使物体的运动状态发生变化,也可以使物体发生变形。

( )1-3 作用于刚体上的平衡力系,如果作用到变形体上,该变形体也一定平衡。

( )1-4 构件在荷载作用下发生破坏的现象表明构件的刚度、强度不足。

( )1-5 凡是受二力作用的直杆就是二力杆。

( )1-6 在两个力作用下处于平衡的杆件称为二力杆,二力杆一定是直杆。

( )1-7 力偶对一点的矩与矩心无关。

( )1-8 在同一平面内,力偶的作用效果以力偶的大小和转向来确定。

( )1-9 力偶对物体只有转动效应无移动效应,不能用一个力来代替。

( )1-10 只要两个力大小相等、方向相反,该两力就组成一力偶。

( )1-11 同一个平面内的两个力偶,只要它们的力偶矩相等,这两个力偶就一定等效。

( )1-12 只要平面力偶的力偶矩保持不变,可将力偶的力和臂做相应的改变,而不影响其对刚体的效应。

( )1-13 力偶只能使刚体转动,而不能使刚体移动。

( )1-14 力偶中的两个力对于任一点之矩恒等于其力偶矩,而与矩心的位置无关。

( )1-15 固定铰支座不仅可以限制物体的移动,还能限制物体的转动。

( )1-16 可动铰支座不能产生背离被约束物体的支座反力。

( )1-17 画物体整体受力图时,不需要画出各物体间的相互作用力。

( )1-18 画受力图时,铰链约束的约束力可以假定其指向。

2. 填空题

1-19 力对物体的作用效果取决于力的_____、_____和_____三个因素。

1-20 平衡汇交力系是合力等于_____的力系;物体在平衡力系作用下总是保持_____或_____运动状态;_____是最简单的平衡力系。

1-21 杆件的四种基本变形是_____、_____、_____、_____。

1-22 荷载按作用的范围大小可分为_____和_____。

1-23 若一个力对物体的作用效果与一个力系等效,则_____是_____的合力,_____是_____的分力。

1-24 在两个力作用下处于平衡的构件称为_____,此两力的作用线必过这两力作用点的_____。

1-25 度量力使物体绕某一点产生转动的物理量称为_____。

1-26 力对点的矩的正负号的一般规定是这样的:力使物体绕矩心_____方向转动时

力矩取正号,反之取负号。

1-27 力的作用线通过_____时,力对点的矩为零。

1-28 作用于刚体上的力向其所在平面内一点平移,会产生_____。

1-29 画受力图的一般步骤是,先取_____,然后画主动力和约束反力。

1-30 工程中常见的约束有柔体约束、_____约束、圆柱铰链约束和_____约束。工程上应用铰链约束的装置有_____约束、固定铰约束、_____约束。

1-31 各物体系统的结构和主动力如图1-2所示,指出图中所有的二力构件。

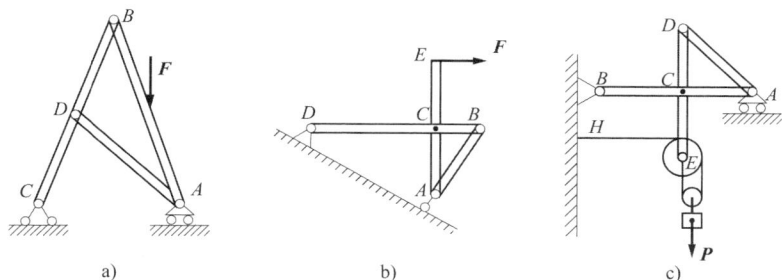

a)　　　　　　　　　　b)　　　　　　　　　c)

图　1-2

各结构中的二力构件分别为:a)_____;b)_____;c)_____。

1-32 关于变形固体的基本假定有_____、_____、_____。

3.选择题

1-33 以下几种构件的受力情况中,属于分布力作用的是(　　)。

　　A.自行车轮胎对地面的压力

　　B.楼板对屋梁的作用力

　　C.车削工件时,车刀对工件的作用力

　　D.桥墩对主梁的支持力

1-34 共点力可合成一个力,一个力也可分解为两个相交的力。一个力分解为两个相交的力可以有(　　)解。

　　A.1个　　　　　　　　　　　　B.2个

　　C.几个　　　　　　　　　　　　D.无穷多

1-35 "二力平衡公理"和"力的可传性原理"适用于(　　)。

　　A.任何物体　　　　　　　　　　B.固体

　　C.弹性体　　　　　　　　　　　D.刚体

1-36 力偶对物体产生的运动效应为(　　)。

　　A.只能使物体转动

　　B.只能使物体移动

　　C.既能使物体转动,又能使物体移动

1-37 力偶对物体的作用效应,取决于(　　)。

　　A.力偶矩的大小

　　B.力偶的转向

C. 力偶的作用平面

D. 力偶矩的大小、力偶的转向和力偶的作用平面

1-38 力偶对坐标轴上的任意点取矩为( )。

    A. 力偶矩原值   B. 随坐标变化

    C. 零

1-39 光滑面对物体的约束反力,作用在接触点处,其方向沿接触面的公法线( )。

    A. 指向受力物体,为压力   B. 指向受力物体,为拉力

    C. 背离受力物体,为拉力   D. 背离受力物体,为压力

1-40 柔体对物体的约束反力,作用在连接点,方向沿柔索( )。

    A. 指向该被约束体,恒为拉力   B. 背离该被约束体,恒为拉力

    C. 指向该被约束体,恒为压力   D. 背离该被约束体,恒为压力

1-41 物体系统的受力图上一定不能画出( )。

    A. 系统外力   B. 系统内力

    C. 主动力   D. 约束反力

1-42 两个大小为 3N、4N 的力合成一个力时,此合力最大值为( )。

    A. 5N   B. 7N

    C. 12N   D. 16N

4. 作图题

1-43 试画出图 1-3 中各物体的受力图。假定各接触面都是光滑的,未注明重力的物体都不计自重。

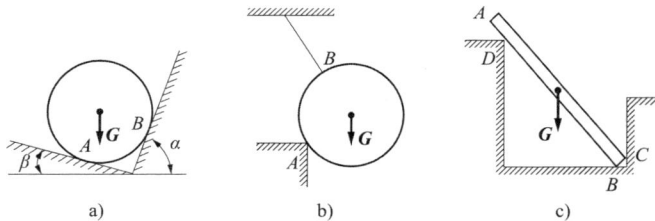

图 1-3

1-44 试作图 1-4 中各梁的受力图,梁的自重不计。

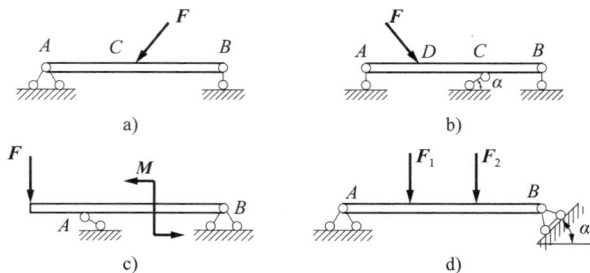

图 1-4

1-45 试作图 1-5 中结构各部分及整体的受力图,结构自重不计。

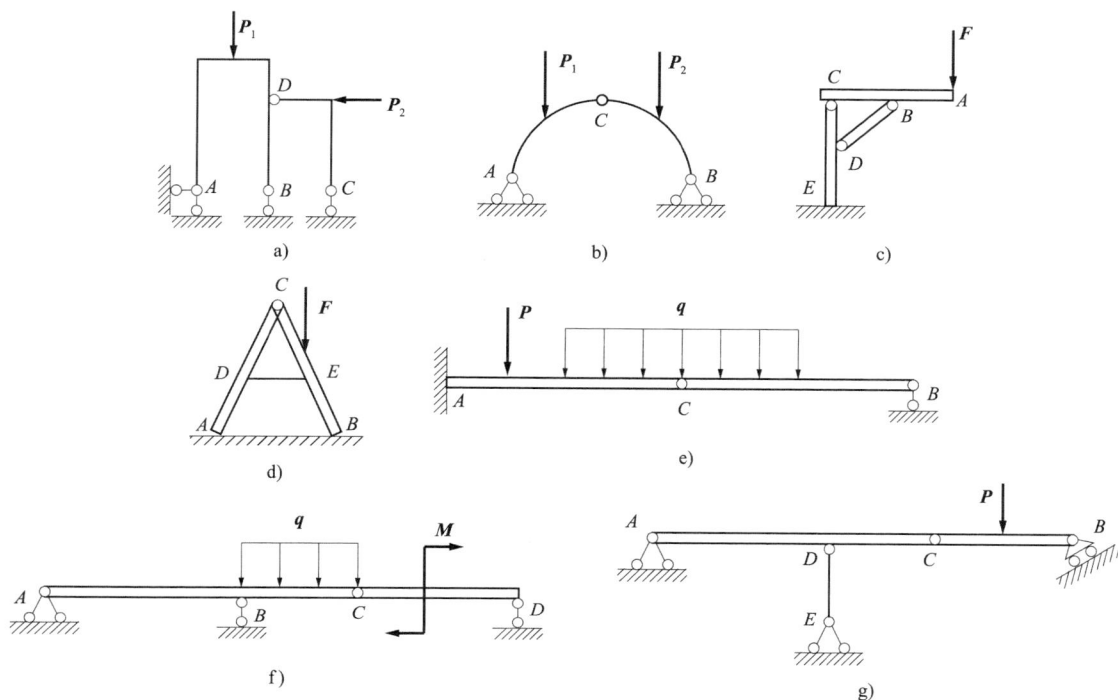

图 1-5

5. 计算题

1-46 试求图1-6中各力或力偶对 O 点的矩。

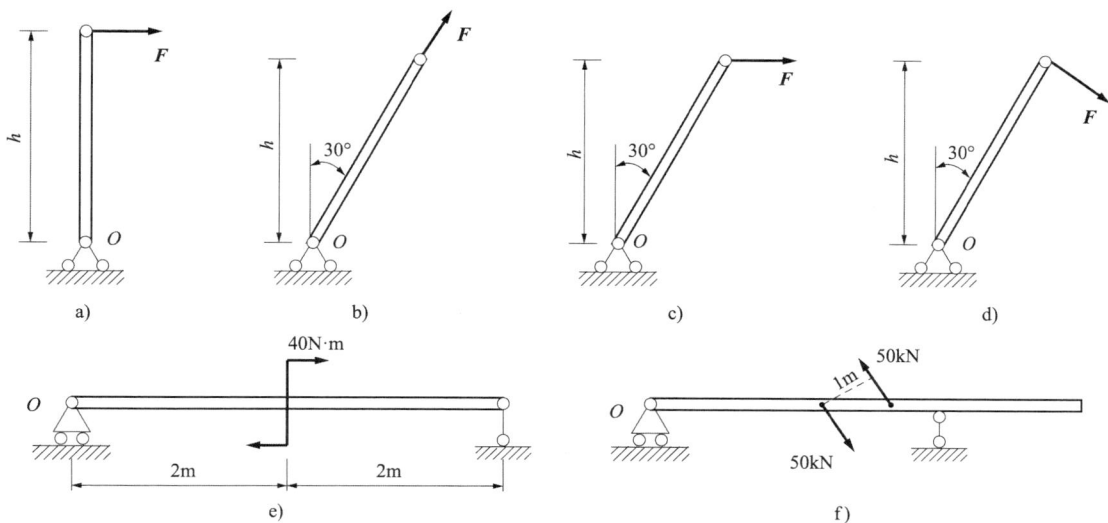

图 1-6

1-47 一个400N的力作用在 A 点,方向如图1-7所示。试求:(1)该力对 O 点的力矩;(2)在 B 点加一个水平力,使其对 O 点的力矩等于(1)的力矩,求这个水平力;(3)若在 B 点加一最小力得到与(1)相同的力矩,求这个最小力。

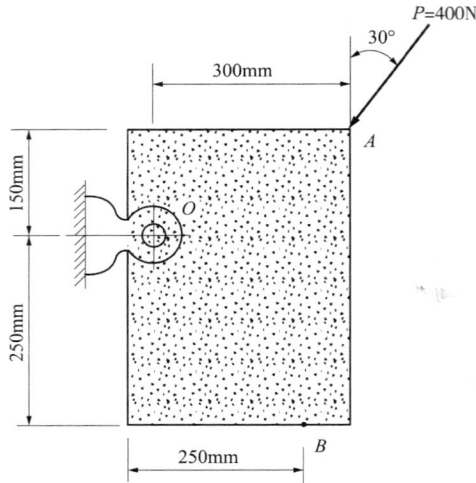

图 1-7

1-48 压路机碾子的自重力为 20kN,半径 $r = 400$mm。若用一通过其中心的水平力 **P** 使碾子越过 $h = 80$mm 的台阶,如图 1-8 所示,求此水平力的大小。如果要使作用力为最小,问应沿哪个方向用力? 并求此最小力的值。

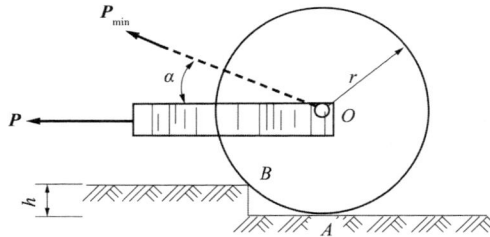

图 1-8

1-49 悬索桥两端的锚索埋在长方体的混凝土基础内,如图 1-9 所示。基础的横截面为正方形 $ABCD$,边长 $a = 5$m,材料的重度为 24kN/m³,锚索沿对角线 BD 埋设。如果锚索的拉力 $T = 980$kN,要使基础不致绕 C 边倾覆,长方体的长度应为多少? (土壤阻力不计)

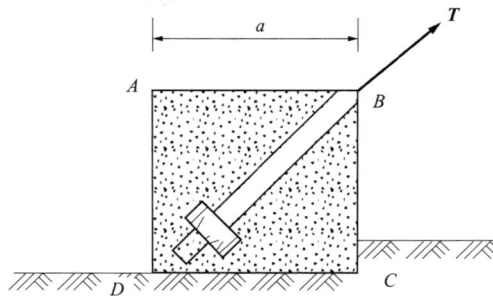

图 1-9

1-50 挡土墙如图 1-10 所示。已知挡土墙单位长度自重力 $G = 95$kN,单位长度墙背土压

力 $F = 66.7$ kN,试计算各力对前趾点 A 的力矩,并判断墙是否会倾倒。

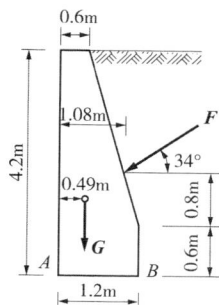

图 1-10

1-51 已知挡土墙重力 $G_1 = 75$ kN,铅垂土压力 $G_2 = 120$ kN,水平土压力 $P = 90$ kN,如图 1-11所示。试求这三个力对前趾点 A 的矩。请指出哪些力矩有使墙绕 A 点倾倒的趋势?哪些力矩使墙趋于稳定?

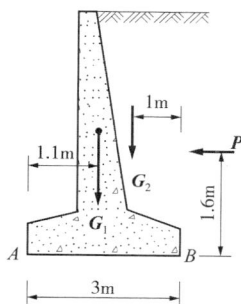

图 1-11

1-52 如图 1-12 所示,将轮缘上所受的力 P,等效地平移到其转轴 O 处,并写出结果。

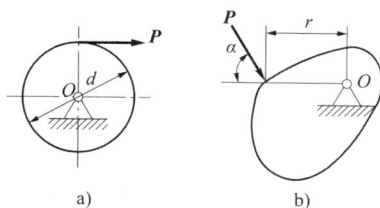

a)   b)

图 1-12

单元二
UNIT TWO
平面结构的受力分析与平衡计算

一、学习要求

(1)能够应用解析法解决平面汇交力系的合成与平衡问题;

(2)会用合力矩定理、力偶系的合成与平衡条件解题;

(3)会用平面力系的平衡方程求解物体系统的平衡问题;

(4)能够对单跨静定梁的反力进行准确计算;

(5)会用平衡方程求解物体系统的平衡问题;

(6)列举一个工程结构,对其进行受力分析,并计算支座反力;

(7)选择实践学习任务,任选 1～2 个并完成。

二、请你参与

序号	项　目	内　　容
1	抄写本单元标题	
2	自主学习形式	课前预习□　课后复习□　按时完成作业□　参加小组学习研讨□ 观看视频□　完成课外阅读□　完成实践学习任务□　线上学习□ 其他:＿＿＿＿＿＿＿＿＿＿＿＿＿＿＿＿＿＿＿＿＿＿＿＿＿＿＿
3	摘写本单元小结	列出主要概念、定理、公式:

续上表

序号	项 目	内 容
4	概述学习体会	概念:容易理解□ 课内学懂□ 课后复习后理解□ 理解困难□ 计算:容易掌握□ 课外通过学习互助后能够掌握□ 非常困难□ 作图:已经掌握□ 经辅导和研讨后掌握□ 不会作图□ 进度:进度太快□ 进度适中□ 进度较慢□ 其他:对专业、行业认知有提高□ 学习兴趣增加□ 科学素养有提高□ 　　　了解职业精神□ 团队合作能力提高□ 表达能力提高□ 　　　获取有效信息能力提高□ 　　　其他:_____
5	提出疑难问题	最难理解的概念: 不会计算的习题(写出题号): 难以掌握的作图题(写出题号): 需要提供的学习指导方式:教师线上辅导□ 小组合作研讨□ 　　　　　　　　　　　　学长助教□ 习题课□ 实践学习任务□ 其他:_____
6	作出自我评价	本单元学习效果:优秀□ 良好□ 合格□ 有待提高□
请你在学习开始之际填写第1、2项,学完本单元之后填写第3~6项,选项中可勾选多个		

三、问题解析

1. 在应用平面一般力系的平衡方程解决实际问题时需要注意什么?

解:应用平面一般力系的平衡方程时应注意下列几点:

(1)平面一般力系的平衡方程有三种形式,解题时通常用基本形式:

$$\sum X = 0 \qquad \sum Y = 0 \qquad \sum M_0(F) = 0$$

解题时先用投影方程,或先用力矩方程皆可。总之,要求一个方程能解出一个未知量,尽量避免解联立方程。

(2)选取与未知力相垂直或平行的轴为坐标轴;选取两未知力的交点(不管此交点是在刚体上还是在刚体外)为矩心,这样建立的平衡方程可简化计算和避免解联立方程。

(3)投影方程和力矩方程中力的投影和力矩的正负号要确保正确,力对点之矩或力偶矩通常取逆时针转向为正值,取顺时针转向为负值。

2. 在应用平衡方程解题时,应如何求分布荷载的合力与合力作用线的位置?

解:通常遇到的分布荷载有如图2-1所示的三种形式。

对于图2-1a)的情况,合力 R 的大小以及合力作用线到 A 端的距离 d 分别为

$$R = q \cdot b \qquad d = a + \frac{b}{2}$$

对于图2-1b)的情况,则有

$$R = \frac{q \cdot b}{2} \qquad d = a + \frac{2b}{3}$$

对于图 2-1c)的情况,这是梯形分布荷载,可分为一个均布荷载与一个三角形分布荷载,其合力的大小分别用 R_1 与 R_2 表示,合力作用线到 A 端的距离分别用 d_1 与 d_2 表示,于是有

$$R_1 = q_1 b \qquad\qquad d_1 = a + \frac{b}{2}$$

$$R_2 = \frac{b(q_2 - q_1)}{2} \qquad d_2 = a + \frac{2b}{3}$$

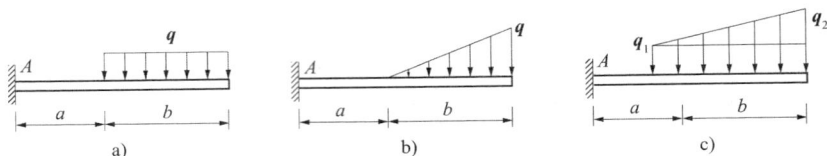

图 2-1

由上述可见,分布荷载合力的大小等于其集度图所占有的面积;合力作用线的位置,均布荷载在其中点,三角形分布荷载在距其端点的2/3处。

3. 铰接四连杆机构 $OCBO_1$,在图 2-2a)所示位置平衡。已知:$OC = 40\text{cm}$,$O_1B = 60\text{cm}$,作用在 OC 上的力偶矩 $M_1 = 1\text{N·m}$。试求力偶矩 M_2 的大小及 O_1B 杆所受的力。(各杆的重力不计)

解:(1)取 OC 杆为研究对象,受力如图 2-2b)所示。

$$\sum M_O = 0 \qquad S \times \overline{OC} \cdot \sin 30° - M_1 = 0$$

解得

$$S = \frac{M_1}{\overline{OC} \cdot \sin 30°} = \frac{1}{0.4 \times \dfrac{1}{2}} = 5(\text{N})$$

(2)取 O_1B 杆为研究对象,受力如图 2-2c)所示。

$$\sum M_{O_1} = 0 \qquad M_2 - S \times \overline{O_1B} = 0$$

$$M_2 = S \times \overline{O_1B} = 5 \times 0.6 = 3(\text{N·m})$$

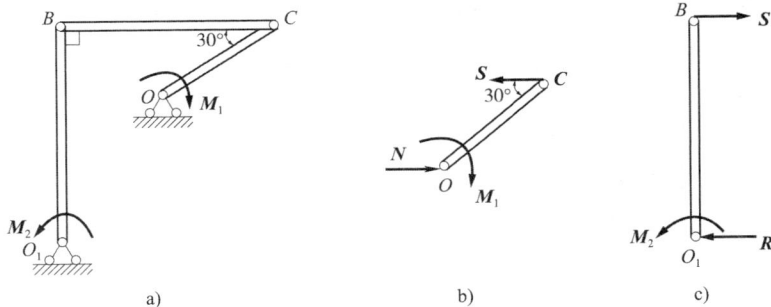

图 2-2

4. 一水平梁 ABC,A 端插入墙内,B 端搁在可动支座上,在 C 点用铰链连接。梁上一起重

机,其荷载为 P。起重机自重力为 $5P$,其重心位于铅垂线 CD 上。各尺寸如图 2-3 所示。梁的自重不计,当起重机与梁 AB 在同一铅垂面内时,求 A 与 B 的支座反力。

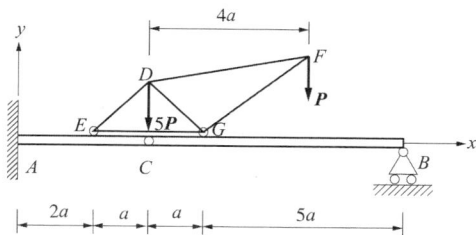

图 2-3

解:(1)取起重机为研究对象,其受力如图 2-4a)所示。

$$\sum M_E = 0 \qquad N_G \times 2a - 5P \times a - P \times 5a = 0$$

则

$$N_G = N'_G = 5P$$

$$\sum Y = 0 \qquad N_E + N_G - 5P - P = 0$$

则

$$N_E = N'_E = P$$

(2)取梁 CB 为研究对象,其受力如图 2-4b)所示。

$$\sum M_C = 0 \qquad Y_B \times 6a - N'_G \times a = 0 \Rightarrow \qquad Y_B = \frac{5}{6}P$$

$$\sum Y = 0 \qquad Y_C + Y_B - N'_G = 0 \Rightarrow \qquad Y_C = \frac{25}{6}P$$

$$\sum X = 0 \qquad X_C = 0$$

(3)取梁 AC 为研究对象,其受力如图 2-4c)所示。

$$X'_C = X_C \qquad Y'_C = Y_C$$

$$\sum Y = 0 \qquad Y_A - Y'_C - N'_E = 0 \Rightarrow \qquad Y_A = \frac{31}{6}P$$

$$\sum X = 0 \qquad X_A - X'_C = 0 \Rightarrow \qquad X_A = 0$$

$$\sum M_A = 0 \qquad M_A - N'_E \times 2a - Y'_C \times 3a = 0 \Rightarrow \qquad M_A = 14.5Pa$$

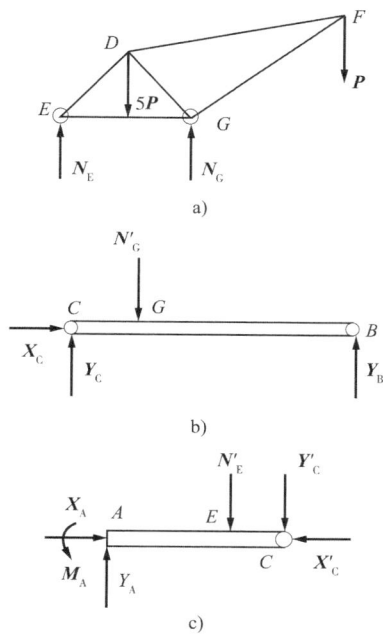

图 2-4

四、练习题

1. 判断题

(   )2-1   无论平面汇交力系所含汇交力的数目是多少,都可用力多边形法则求其合力。

(   )2-2   若两个力在同一轴上的投影相等,则这两个力的大小必定相等。

(   )2-3   平面力偶系合成的结果为一合力偶,此合力偶矩与各分力偶矩的代数和相等。

(   )2-4   平面汇交力系平衡时,力多边形各力应首尾相接,但在作图时力的顺序可以不同。

2-5 若通过平衡方程解出的未知力为负值时:

( )(1) 表示约束反力的指向画反,应改正受力图;

( )(2) 表示该力的真实指向与受力图中该力的指向相反。

( )2-6 平面任意力系有三个独立的平衡方程,可求解三个未知量。

( )2-7 用解析法求平面汇交力系的合力时,若选用不同的直角坐标系,则所求得的合力不同。

( )2-8 列平衡方程时,要建立坐标系求各分力的投影。为运算方便,通常将坐标轴选在与未知力平行或垂直的方向上。

( )2-9 在求解平面任意力系的平衡问题时,写出的力矩方程的矩心一定要取在两投影轴的交点处。

( )2-10 一个平面任意力系只能列出一组三个独立的平衡方程,解出三个未知数。

2.填空题

2-11 力的作用线垂直于投影轴时,该力在轴上的投影值为_____。

2-12 平面汇交力系平衡的几何条件为:力系中各力组成的力多边形_____。

2-13 合力投影定理是指_____。

2-14 力偶对平面内任一点的矩恒等于_____,与矩心位置_____。

2-15 力偶_____与一个力等效,也_____被一个力平衡。

2-16 平面力偶系有_____个独立的平衡方程。

2-17 平面任意力系的平衡条件是:力系的_____和力系的_____分别等于零。

2-18 系统外物体对系统的作用力是物体系统的_____力,物体系统中各构件间的相互作用力是物体系统的_____力。画物体系统受力图时,只画_____力,不画_____力。

2-19 建立平面任意力系的平衡方程时,为方便解题,通常把坐标轴选在与_____的方向上,把矩心选在_____的作用点上。

2-20 静定问题是指力系中未知约束反力个数_____独立平衡方程个数,全部未知约束反力可以由独立平衡方程_____的工程问题。超静定问题是指力系中未知力的个数_____独立平衡方程个数,全部未知约束反力_____的工程问题。

3.选择题

2-21 若某刚体在平面任意力系作用下处于平衡,则此力系中各分力对刚体( )之矩的代数和必为零。

　　A.特定点　　　　　B.重心　　　　　C.任意点　　　　　D.坐标原点

2-22 一力作平行移动后,新点上的附加力偶一定( )。

　　A.存在且与平移距离无关　　　　　B.存在且与平移距离有关

　　C.不存在

2-23 一物体受到两个共点力的作用,无论是在什么情况下,其合力( )。

A. 一定大于任意一个分力

B. 至少比一个分力大

C. 不大于两个分力大小的和,不小于两个分力大小的差

D. 随两个分力夹角的增大而增大

2-24 力偶在(   )的坐标轴上的投影之和为零。

A. 任意   B. 正交   C. 与力垂直   D. 与力平行

2-25 在同一平面内的两个力偶只要(   ),则这两个力偶就彼此等效。

A. 力偶中二力大小相等   B. 力偶相等

C. 力偶的方向完全一样   D. 力偶矩相等

2-26 应用平面汇交力系的平衡条件,最多能求解(   )未知量。

A. 1 个   B. 2 个   C. 3 个

2-27 平面任意力系平衡的必要和充分条件也可以用三力矩式平衡方程 $\sum M_A(\boldsymbol{F})=0$,
$\sum M_B(\boldsymbol{F})=0,\sum M_C(\boldsymbol{F})=0$ 表示,欲使这组方程是平面任意力系的平衡条件,其附加条件为(   )。

A. 投影轴 x 轴不垂直于 A、B 或 B、C 连线

B. 投影轴 y 轴不垂直于 A、B 或 B、C 连线

C. 投影轴 x 轴垂直于 y 轴

D. A、B、C 三点不在同一直线上

2-28 两个相等的分力与合力一样大的条件是此两分力的夹角为(   )。

A. 45°   B. 60°   C. 120°   D. 150°

4. 计算题

2-29 已知 $P_1=50\mathrm{N},P_2=60\mathrm{N},P_3=90\mathrm{N},P_4=80\mathrm{N}$,各力方向如图 2-5 所示,试分别求各力在 x 轴和 y 轴上的投影。

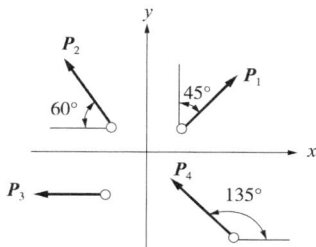

图 2-5

2-30 悬臂梁受力情况及结构尺寸如图 2-6 所示。试求梁上均布荷载 $\boldsymbol{q}$ 对 A 点的力矩。

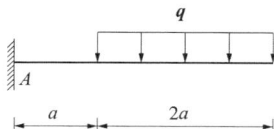

图 2-6

2-31 求图 2-7 中简支梁上的均布荷载分别对 A、B、C、D 点的力矩。

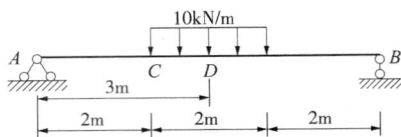

图 2-7

2-32 已知 $F_1 = F_2 = F_3 = 200\text{N}, F_4 = 100\text{N}$,各力方向如图 2-8 所示。

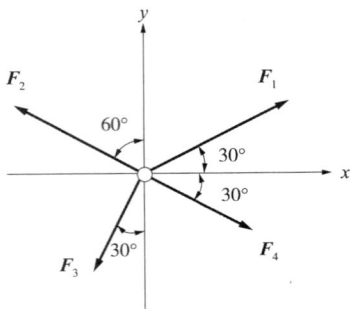

图 2-8

(1)选取适当的坐标系计算力在坐标轴上的投影;

(2)求该力系的合力。

2-33 起吊时构件在图 2-9 中的位置平衡,构件自重力 $G = 30\text{kN}$。求钢索 AB、AC 的拉力。

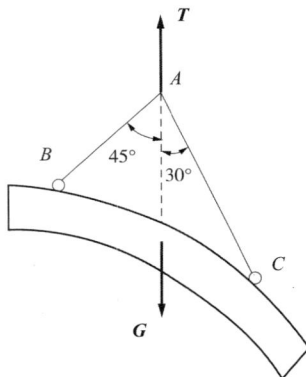

图 2-9

2-34 已知 $P = 10\text{kN}$,A、B、C 三处都是铰接,杆自重力不计,求图 2-10 中三铰支架各杆所受的力。

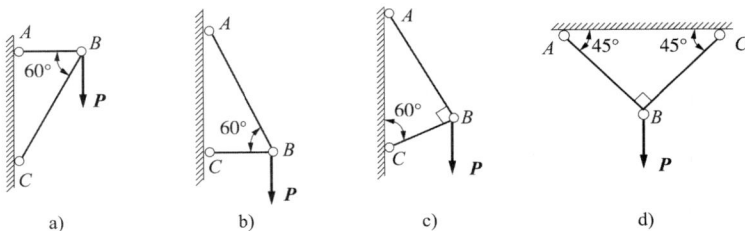

a) b) c) d)

图 2-10

2-35 求图 2-11 所示各梁的支座反力。

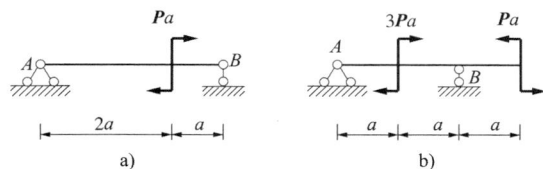

图 2-11

2-36 已知 $P_1 = 10\text{kN}, P_2 = 20\text{kN}$，求图 2-12 所示刚架的支座反力。

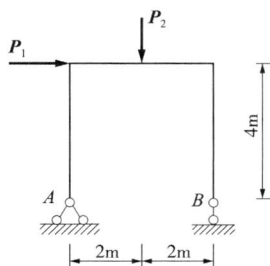

图 2-12

2-37 悬臂刚架的结构尺寸及受力情况如图 2-13 所示。已知 $q = 4\text{kN/m}, M = 10\text{kN·m}$，试求固定端支座 A 的反力。

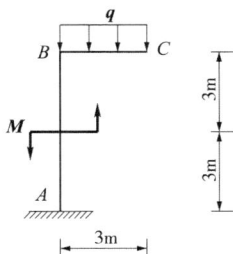

图 2-13

2-38 求图 2-14 所示各梁的支座反力。

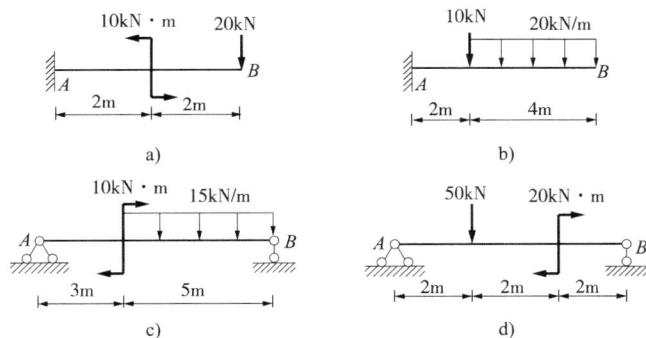

图 2-14

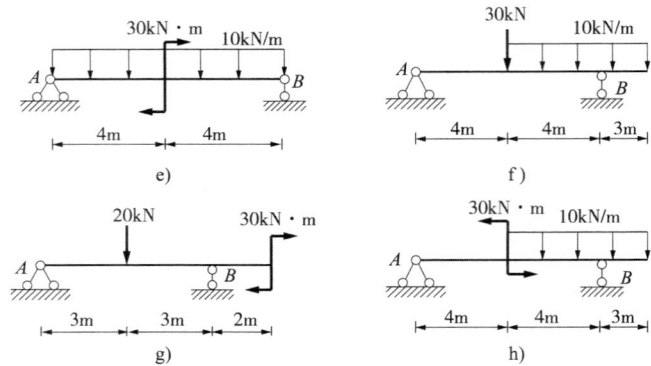

图 2-14

2-39 求图 2-15 中各组合梁的支座反力。

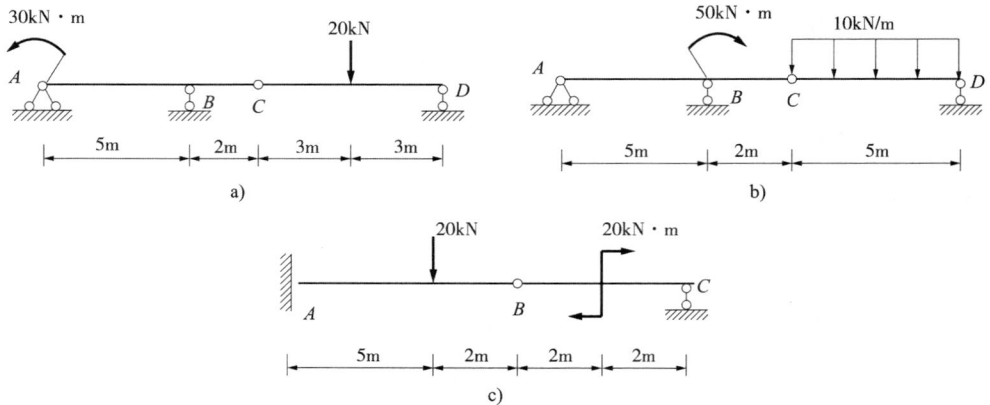

图 2-15

2-40 两直角刚杆 AC、CB 支承如图 2-16 所示,在铰 C 处受力 P 作用,求 A、B 两处的约束反力。提示:AC 和 BC 均为二力构件,将销钉 C 单独分析。

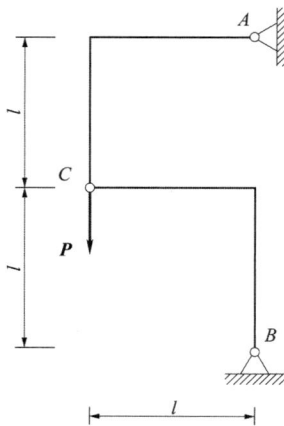

图 2-16

2-41 求图 2-17 中单跨梁的支座反力。

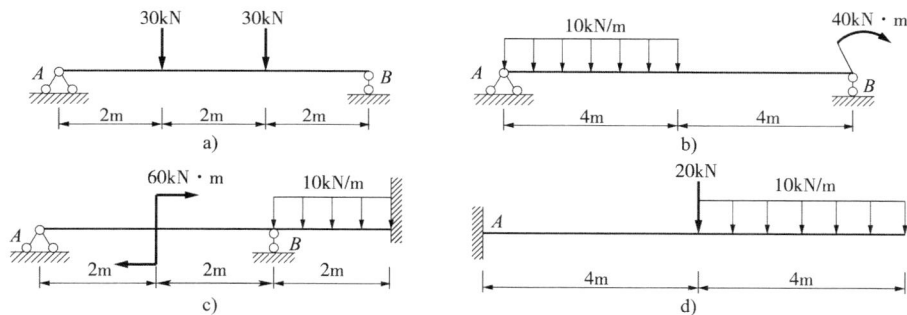

图 2-17

2-42 求图 2-18 结构中各处支座反力。

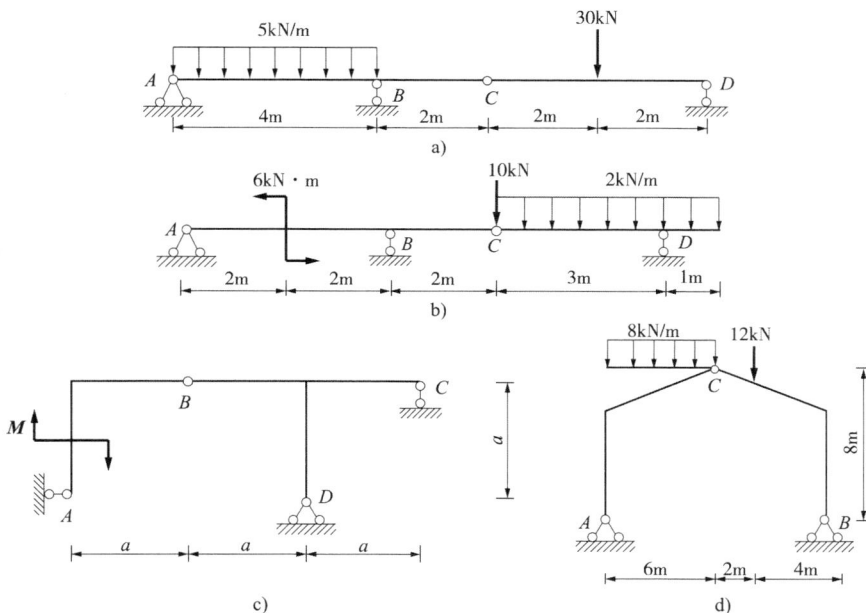

图 2-18

2-43 如图 2-19 所示,放在地面上的梯子由两部分 *AB*、*AC* 组成。*AB* 和 *AC* 在 *A* 点铰接,在 *D*、*E* 两点用绳子连接。梯子与地面间的摩擦力和梯子自重力不计,已知 *AC* 上作用有铅垂力 ***P***。当梯子平衡时,试求地面对梯子的作用力和绳子 *DE* 中的拉力。

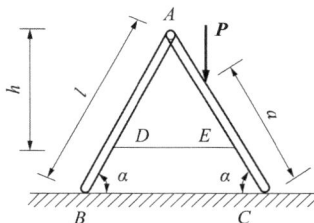

图 2-19

2-44 图 2-20 为三铰拱式组合屋架,试求拉杆 *AB* 及中间铰 *C* 所受的力。(屋架的自重力不计)

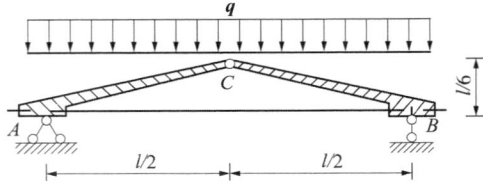

图 2-20

2-45 试求图 2-21 所示两跨刚架的支座反力。

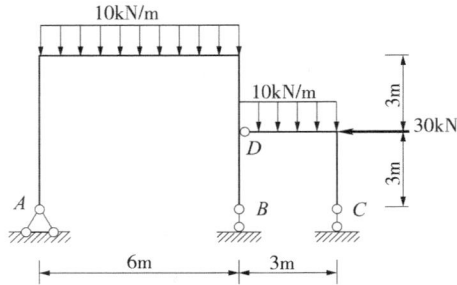

图 2-21

2-46 已知三铰拱受力如图 2-22 所示,试求 *A*、*B*、*C* 三处的约束反力。

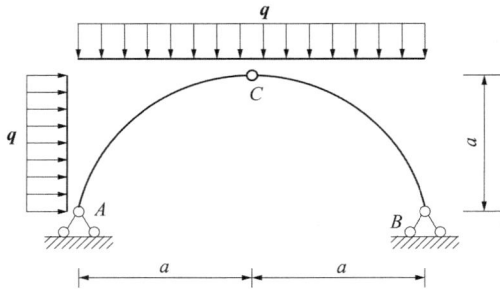

图 2-22

2-47 求图 2-23 所示桁架指定杆件所受的力。

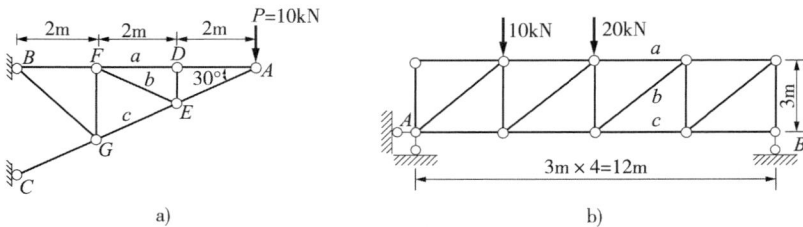

图 2-23

2-48 图 2-24 所示为一教室楼盖大梁的计算简图,求支座的约束反力。

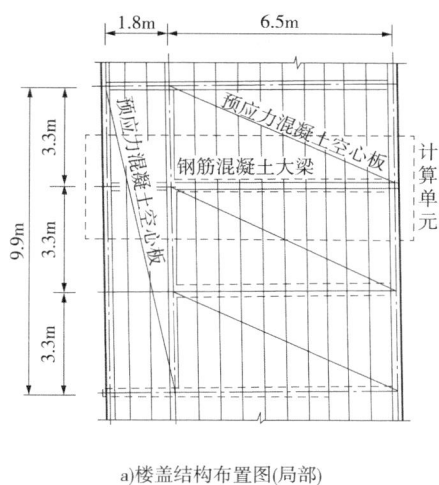

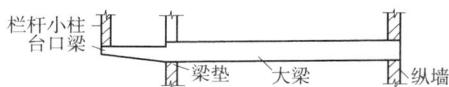

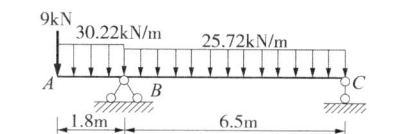

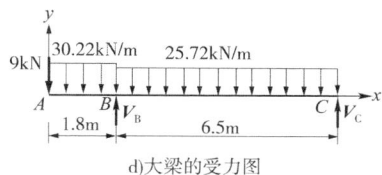

图 2-24

2-49 图 2-25 所示厂房的边柱,左侧均布线荷载为风压力,屋架传来的荷载、左侧牛腿上托墙梁传来的荷载,右侧台阶上起重机梁传来的力以及柱的自重力等用集中力表示。柱的下端有杯形基础,视为固定端支座,求牛腿柱的支座反力。

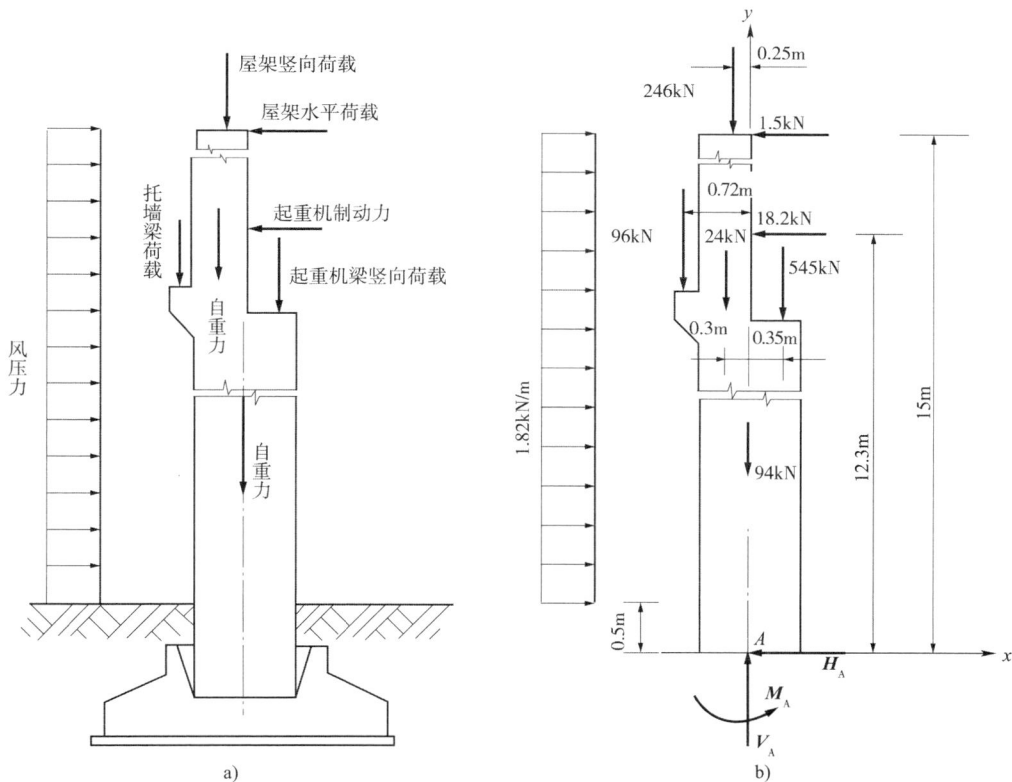

图 2-25

单元三
UNIT THREE
空间力系与重心

一、学习要求

(1) 会用直接投影法和二次投影法计算力在空间直角坐标轴上的投影;

(2) 会计算力对空间直角坐标轴之矩;

(3) 能叙述空间力系的平衡条件;

(4) 会用分割法和负面积法计算匀质物体的重心坐标;

(5) 能列举 1～2 个生活及工程中的实例说明物体的重心位置与平衡的关系。

二、请你参与

序号	项　　目	内　　容
1	抄写本单元标题	
2	自主学习形式	课前预习□　课后复习□　按时完成作业□　参加小组学习研讨□ 观看视频□　完成课外阅读□　完成实践学习任务□　线上学习□ 其他:＿＿＿＿＿＿＿＿＿＿＿＿＿＿＿＿＿＿＿＿＿＿＿＿＿
3	摘写本单元小结	列出主要概念、定理、公式:

续上表

序号	项 目	内 容
4	概述学习体会	概念:容易理解□ 课内学懂□ 课后复习后理解□ 理解困难□ 计算:容易掌握□ 课外通过学习互助后能够掌握□ 非常困难□ 作图:已经掌握□ 经辅导和研讨后掌握□ 不会作图□ 进度:进度太快□ 进度适中□ 进度较慢□ 其他:对专业、行业认知有提高□ 学习兴趣增加□ 科学素养有提高□ 了解职业精神□ 团队合作能力提高□ 表达能力提高□ 获取有效信息能力提高□ 其他:_____
5	提出疑难问题	最难理解的概念: 不会计算的习题(写出题号): 难以掌握的作图题(写出题号): 需要提供的学习指导方式:教师线上辅导□ 小组合作研讨□ 学长助教□ 习题课□ 实践学习任务□ 其他:_____
6	作出自我评价	本单元学习效果:优秀□ 良好□ 合格□ 有待提高□
请你在学习开始之际填写第1、2项,学完本单元之后填写第3~6项,选项中可勾选多个			

三、问题解析

1. 什么叫重心?什么叫形心?两者有什么关系?

解:物体的重心是物体各个微小部分上的重力所组成的空间平行力系的合力作用点。

每一个物体都有一定的几何形状和体积,所谓形心就是指物体几何形状的中心,它只取决于物体的几何形状和体积。

对于空间形体来说,它的几何中心就是体积中心;对于平面图形来说,它的几何中心就是面积中心。均质物体的重心与形心重合,而非均质物体的重心与形心不在同一个点上。

2. 如图 3-1 所示平面桁架由七根均质杆件组成,$AD = BD = DH = 2.5\text{m}$,$AB = 3\text{m}$,$DE = 1.5\text{m}$,$BE = EH = 2\text{m}$,各杆单位长度的重力相等,均为 q。求桁架的重心。

解:建立图 3-1 所示的坐标系,已知各杆单位长度的重力为 q,则各杆的重力和重心坐标分别见表 3-1。

表 3-1

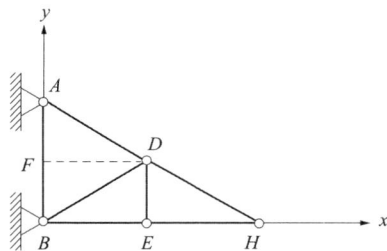

图 3-1

杆	各杆重力 W_i	各杆重心坐标 (x_i, y_i)
AB	$3q$	$(0, 1.5)$
BEH	$4q$	$(2, 0)$
DE	$1.5q$	$(2, 0.75)$
ADH	$5q$	$(2, 1.5)$
DB	$2.5q$	$(1, 0.75)$

由重心计算公式可得桁架的重心坐标为

$$x_c = \frac{\sum W_i \cdot x_i}{\sum W_i} = \frac{4q \times 2 + 1.5q \times 2 + 5q \times 2 + 2.5q \times 1}{3q + 4q + 1.5q + 5q + 2.5q} = 1.47(\text{m})$$

$$y_c = \frac{\sum W_i \cdot y_i}{\sum W_i} = \frac{3q \times 1.5 + 1.5q \times 0.75 + 5q \times 1.5 + 2.5q \times 0.75}{3q + 4q + 1.5q + 5q + 2.5q} = 0.94(\text{m})$$

所以桁架的重心坐标为(1.47m,0.94m)。

四、练习题

1. 判断题

(　　)3-1　只要知道力 F 与 x 轴的夹角 α 及其与 y 轴的夹角 β,那么,根据力在空间直角坐标中的投影方法,即可得出此力 F 与 z 轴的夹角的大小。

(　　)3-2　已知空间一力 F 在坐标 x 轴上的投影和对 x 轴取矩有 $F(x) = 0, M(x) = 0$,由此可知此力与 x 轴垂直,并位于通过 x 轴的平面上。

(　　)3-3　一个力在某个坐标平面上,或者在与力本身平行的平面上,于是称其为平面力,而平面力在空间直角坐标系中就只有一个投影。

2. 填空题

3-4　已知一力 P 与空间直角坐标系的 x 轴的夹角为 α,如果此力在 z 轴的投影 $P_1 = $ _____,则有 y 轴投影 $P_2 = P\sin\alpha$。

3-5　空间力系的合力投影定理的含义是指力系合力在某一轴上的投影等于力系中各力在_____上投影的代数和。

3-6　空间力系的合力对某轴之矩等于各分力对_____的代数和。

3-7　已知空间一力 F 对直角坐标系 x、y 轴的矩为零,因而该力 F 应在坐标系的_____平面上。

3-8　在工程计算中,往往将空间任意力系的平衡问题转化为_____个平面任意力系的平衡问题来求解。

3-9　当一物体改变它在空间的方位时,其重心的位置是_____的。

3-10　均质物体的几何中心就相当于物体的_____。

3-11　均质物体若具有两根对称轴,则它的重心必然在这两根对称轴的_____上。

3-12　如图 3-2 所示,已知一正方体,各边长为 a,沿对角线 BH 作用一力 F,该力在 x 轴上的投影为_____;在 y 轴上的投影为_____;在 z 轴上的投影为_____;对 x 轴之矩为_____;对 y 轴之矩为_____;对 z 轴之矩为_____。

3-13　图 3-2 中,若过 B 点 $(3,4,0)$(长度单位为 m)的力 F 在轴 x 上的投影 $F_x = 20\text{N}$,在轴 y 上的投影 $F_y = 20\text{N}$,在轴 z 上的投影 $F_z = 20\sqrt{2}\text{N}$,则该力大小为_____,对 x 轴之矩为_____;对 y 轴之矩为_____;对 z 轴之矩为_____。

3-14　图 3-2 中,假如力 F 从 B 点 $(3,4,0)$ 指向 D 点 $(0,4,4)$(长度单位为 m),若 $F = 100\text{N}$,则该力在 x 轴上的投影为_____;在 y 轴上的投影为_____;在 z 轴上的投影为

_____;对 x 轴之矩为_____;对 y 轴之矩为_____;对 z 轴之矩为_____。

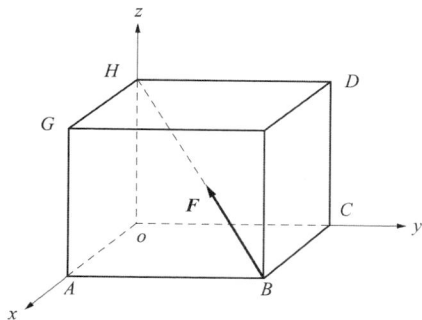

图 3-2

3-15 空间力系的合力对某轴之矩等于各分力对_____的代数和。

3-16 判断空间约束的未知约束力数目的基本方法是:观察物体在空间的六种可能的运动有哪几种运动被约束阻碍,约束的阻碍作用就是约束反力。例如,铁轨对车轮的约束反力有_____个;固定端约束的约束反力共有_____个。

3. 选择题

3-17 将空间互相垂直的三力合成,相当于两次使用平面力系的( )。

A. 平行四边形法则 B. 力的平移

C. 合力投影定理 D. 力的可传性

3-18 力对轴的矩正负号规定是( )。

A. 从轴的正向看,顺为正

B. 沿轴的正向看,顺为正

C. 从轴的正向看,逆为正

D. 沿轴的正向看,逆为正

3-19 空间力对轴的矩为零的情况,下列说法不正确的是( )。

A. 力的作用线与轴相交

B. 力的作用线与轴垂直

C. 力的作用线与轴平行

D. 外力为零

3-20 以下对合力矩定理的表述有误的是( )。

A. 合力矩定理可以计算物体重心

B. 合力矩定理可以简化力矩的计算

C. 合力对物体上任一点的矩等于所有分力对同一点的矩的矢量和

D. 若合力对任一点的矩等于零,则合力必为零

3-21 一力 F 作用在长方体的侧平面 $BCDE$ 上(图 3-3),于是此力在 ox、oy、oz 轴上的投影应为( )。

A. $F_x \neq 0, F_y \neq 0, F_z \neq 0$ B. $F_x \neq 0, F_y = 0, F_z \neq 0$

C. $F_x = 0, F_y = 0, F_z \neq 0$ D. $F_x = 0, F_y = 0, F_z = 0$

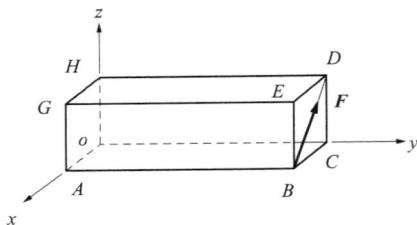

图 3-3

3-22 杆的一端粗一端细,通过重心沿垂直于杆轴线的方向将其切成两段,两段质量(　　)。

A. 相等　　　　　　B. 不相等　　　　　C. 不一定相等

3-23 下面说法正确的是(　　)。

A. 物体的重心一定在物体上

B. 物体的重心就是其形心

C. 具有对称轴的物体,重心必在对称轴上

D. 物体越重,重心越低

3-24 用悬挂法求物体的重心是依据(　　)定理。

A. 合力投影　　　　　　　　　　B. 合力矩

C. 二力平衡　　　　　　　　　　D. 力的可传性

3-25 用称重法确定形状不对称的空间物体的重心时,可采取(　　)来确定。

A. 一个方向的一次称重

B. 三个方向的三次称重

C. 两个方向的两次称重

D. 两个方向的三次称重

4. 计算题

3-26 如图 3-4 所示力系中,$F_1 = 10kN$,$F_2 = 30kN$。求各力在 x、y、z 三个坐标轴上的投影。

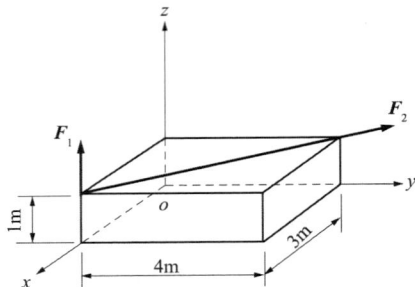

图 3-4

3-27 如图 3-5 所示为一立柱在 A 点受力 P 作用。已知 $P = 10kN$,求该力对三个坐标轴的力矩。

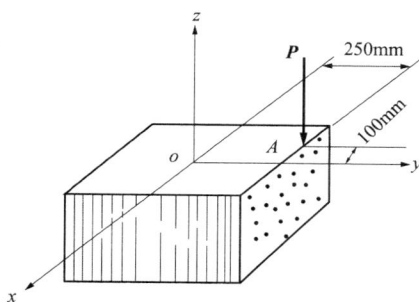

图　3-5

3-28　工字钢截面尺寸如图3-6所示,求此截面的形心。

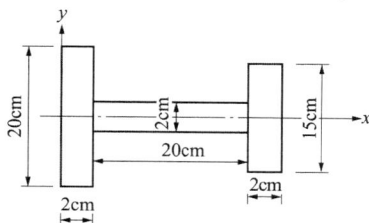

图　3-6

3-29　求图3-7所示阴影部分的形心坐标。

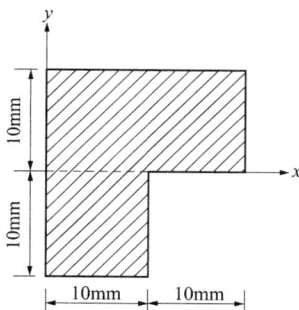

图　3-7

3-30　求图3-8所示阴影部分图形的形心位置。

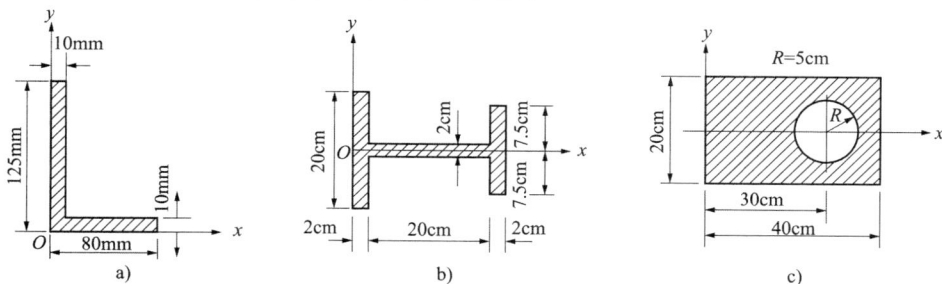

图　3-8

3-31　将图3-9所示梯形板在 E 点挂起,设 $AD = a$,欲使 AD 边保持水平,求 BE 应等于多少? 提示:挂起时 AD 保持水平,意味着重心在 EO 上。

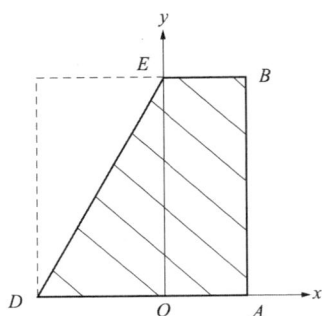

图 3-9

3-32 挡土墙的截面形状和尺寸如图 3-10 所示,试求截面形心的位置。

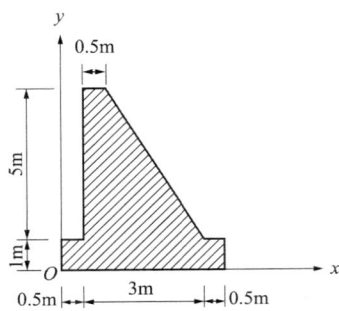

图 3-10

单元四
UNIT FOUR

轴向拉（压）杆的变形
与强度计算

一、学习要求

（1）能够叙述内力和截面法的概念；

（2）会计算轴向拉(压)杆件任一横截面上的内力,并绘制杆件的轴力图；

（3）能计算轴向拉(压)杆横截面上的正应力,并应用胡克定律解题；

（4）进行低碳钢的拉伸试验,绘制应力-应变图,定义比例极限、弹性极限、屈服极限、强度极限、延伸率及冷作硬化；

（5）进行低碳钢和铸铁的压缩试验,比较塑性材料和脆性材料的力学性能；

（6）会描述安全系数和容许应力的概念,能计算轴向拉(压)杆的强度问题；

（7）以一座石拱桥为例,介绍拱桥的构造,利用脆性材料的力学性能说明石拱桥的受力特点。

二、请你参与

序号	项　　目	内　　容
1	抄写本单元标题	
2	自主学习形式	课前预习□　课后复习□　按时完成作业□　参加小组学习研讨□ 观看视频□　完成课外阅读□　完成实践学习任务□　线上学习□ 其他：＿＿＿＿＿＿＿＿＿＿＿＿＿＿＿＿＿＿
3	摘写本单元小结	列出主要概念、定理、公式：

续上表

序号	项　目	内　容
4	概述学习体会	概念:容易理解□　课内学懂□　课后复习后理解□　理解困难□ 计算:容易掌握□　课外通过学习互助后能够掌握□　非常困难□ 作图:已经掌握□　经辅导和研讨后掌握□　不会作图□ 进度:进度太快□　进度适中□　进度较慢□ 其他:对专业、行业认知有提高□　学习兴趣增加□　科学素养有提高□ 　　　了解职业精神□　团队合作能力提高□　表达能力提高□ 　　　获取有效信息能力提高□ 　　　其他:＿＿＿＿＿＿＿＿＿＿＿＿＿＿＿＿＿＿＿＿＿＿＿
5	提出疑难问题	最难理解的概念: 不会计算的习题(写出题号): 难以掌握的作图题(写出题号): 需要提供的学习指导方式:教师线上辅导□　小组合作研讨□ 　　　　　　　　　　　　学长助教□　习题课□　实践学习任务□ 　　其他:＿＿＿＿＿＿＿＿＿＿＿＿＿＿＿＿＿＿＿＿＿＿＿
6	作出自我评价	本单元学习效果:优秀□　良好□　合格□　有待提高□
请你在学习开始之际填写第1、2项,学完本单元之后填写第3~6项,选项中可勾选多个		

三、问题解析

1. 低碳钢和铸铁分别是哪一类材料的典型代表? 它们的力学性能有何区别?

解: 低碳钢和铸铁分别是塑性材料和脆性材料的典型代表。低碳钢具有强度高、塑性性能好等特点。铸铁与低碳钢相比较,其抗拉强度低,塑性性能差,但是铸铁的抗压性能远远优于它的抗拉性能。

它们的力学性能主要有以下区别:

(1)塑性材料断裂时延伸率大,塑性性能好;脆性材料断裂时延伸率较小,塑性性能很差。脆性材料制作的构件在断裂破坏之前无明显征兆,其断裂总是突然的;而塑性材料在断裂破坏之前通常有显著的变形。

(2)塑性材料在拉伸和压缩变形时,其弹性模量和屈服应力基本一致,即塑性材料的抗拉与抗压性能基本相同,所以应用范围广;大多数脆性材料的抗压能力远远大于抗拉能力,所以通常用作抗压构件。

(3)表示塑性材料力学性能的指标有 σ_p、σ_e、σ_s、σ_b、δ、Ψ、E;表示脆性材料力学性能的指标只有 σ_b 和 E。

(4)承受静荷载作用时,使用塑性材料制成的构件一般不考虑应力集中的影响;而脆性材料制成的构件,通常要考虑应力集中的影响。另外,塑性材料承受动荷载的能力强,脆性材料承受动荷载的能力弱,所以承受动荷载作用的构件应由塑性材料制作。

2. 什么是强度？什么是强度条件？

解：强度是指构件抵抗破坏的能力。房屋结构的每一个构件承受荷载后都不允许发生破坏。如屋架、立柱、起重机梁、基础梁、承重墙等都不允许发生断裂。这就要求每一个构件应具有足够的抵抗破坏的能力，这种能力称为强度。

强度条件公式为：$\sigma_{max} = N/A \leq [\sigma]$，要注意式中的 σ_{max} 与 $[\sigma]$ 的区别。$\sigma_{max} = N/A$ 表示的是在荷载作用下构件的工作应力，这个值只与内力（由外力引起的）和截面尺寸有关，与材料无关。$N/A \leq [\sigma]$ 是强度条件，是构件能安全承载的依据。$[\sigma]$ 表示的是材料本身的性质，塑性材料为 σ_s/n，脆性材料为 σ_b/n；σ_s、σ_b 均由试验测定，不是工作时外力引起的内力，安全系数 n 由国家标准规定。

3. 试求图 4-1a) 所示各杆 1-1、2-2、3-3 截面的轴力，并作轴力图。

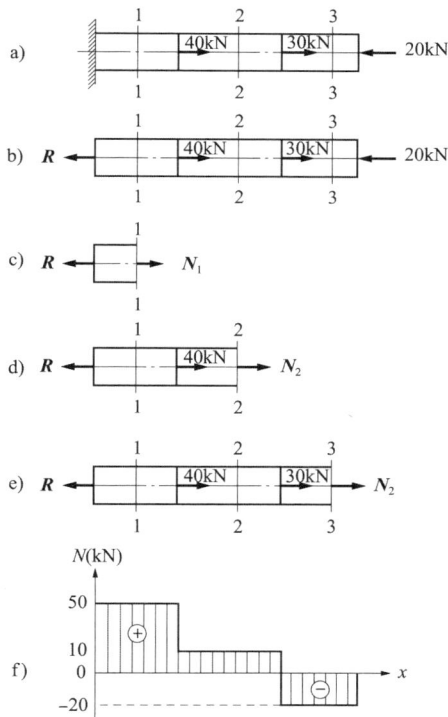

图　4-1

解：(1) 求约束反力 [图 4-1b)]。

$$\sum X = 0 \qquad -R + 40 + 30 - 20 = 0 \Rightarrow R = 50\text{kN}$$

(2) 求截面 1-1 的轴力 [图 4-1c)]。

$$\sum X = 0 \qquad -R + N_1 = 0 \Rightarrow N_1 = 50\text{kN}$$

(3) 求截面 2-2 的轴力 [图 4-1d)]。

$$\sum X = 0 \qquad -R + 40 + N_2 = 0 \Rightarrow N_2 = 10\text{kN}$$

(4) 求截面 3-3 的轴力 [图 4-1e)]。

$$\sum X = 0 \qquad -R + 40 + 30 + N_3 = 0 \Rightarrow N_3 = -20\text{kN}$$

(5)画轴力图,见图4-1f)。

4. 图4-2所示结构中AC为刚性梁,BD为斜撑杆,荷载P可沿梁AC水平移动。为使斜撑杆质量最小,斜撑杆与梁之间的夹角θ应取何值?

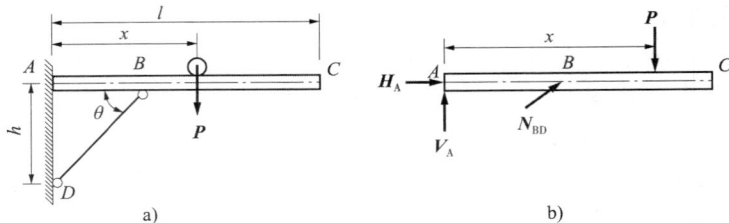

图 4-2

解:(1)取AC为研究对象,受力图见图4-2b)。荷载P移动到距A端为x的位置时,计算BD杆所受之力

$$\sum M_A(\boldsymbol{F}) = 0 \qquad Px - N_{BD} \cdot h \cdot \cos\theta = 0$$

则

$$N_{BD} = \frac{x}{h\cos\theta}P$$

显然,当x = l时,N_{BD}为最大,其最大值为

$$N_{BD} = \frac{l}{h\cos\theta}P$$

(2)确定θ角。欲使BD杆质量最轻,则BD杆体积为最小。设斜撑杆的容许应力为$[\sigma]$,则截面面积为

$$A = \frac{N_{BD}}{[\sigma]} = \frac{lP}{[\sigma]h\cos\theta}$$

体积

$$V = A \cdot l_{BD} = \frac{lP}{[\sigma]h\cos\theta} \cdot \frac{h}{\sin\theta} = \frac{2lP}{[\sigma]\sin2\theta}$$

当$\sin2\theta = 1$时,V最小。则

$$2\theta = \frac{\pi}{2}$$

$$\theta = \frac{\pi}{4}$$

四、练习题

1. 判断题

(   )4-1 铸铁试件受压在45°斜截面上破坏,是因为该斜截面上的剪应力最大。

(   )4-2 低碳钢在拉断时的应力为强度极限。

(   )4-3 低碳钢在拉伸的过程中始终遵循胡克定律。

(   )4-4 杆件的轴力仅与杆件所受的外力有关,而与杆件的截面形状、材料无关。

4-5 预制钢筋混凝土楼板,先将钢筋通过冷拔机拉成冷拔丝,使钢筋的比例极限提高( ),弹性范围内的承载力增强( ),钢筋的塑性没有变化( )。

( )4-6 脆性材料的极限应力是屈服极限。

( )4-7 脆性材料的抗压性能比抗拉性能要好。

2. 填空题

4-8 作用于直杆上的外力(合力)作用线与杆件的轴线_____时,杆只产生沿轴线方向的_____或_____变形,这种变形形式称为轴向拉伸或压缩。

4-9 在国际单位制中,应力的单位是 Pa,1Pa = _____ N/m²,1MPa = _____ Pa,1GPa = _____ Pa。

4-10 构件在外力作用下,单位面积上的_____称为应力,用符号_____表示;应力的正负规定与轴力_____,拉应力为_____,压应力为_____。

4-11 根据材料的抗拉、抗压性能不同,工程实际中低碳钢材料适宜作受_____杆件,铸铁材料适宜作受_____杆件。

4-12 如果安全系数取得过大,容许应力就_____,需用的材料就_____;如果安全系数取得太小,构件的_____就可能不够。

4-13 胡克定律的关系式 $\Delta l = \dfrac{Nl}{EA}$ 中的 E 为表示材料抵抗_____能力的一个系数,称为材料的_____。乘积 EA 则表示了杆件抵抗_____能力的大小,称为杆的_____。

4-14 低碳钢拉伸可以分成:_____阶段、_____阶段、_____阶段、_____阶段。

4-15 铸铁拉伸时无_____现象和_____现象,断口与轴线_____,塑性变形很小。

4-16 _____和_____是衡量材料塑性的两个重要指标。工程上通常把_____的材料称为塑性材料,_____的材料称为脆性材料。

4-17 确定容许应力时,对于脆性材料以_____为极限应力,而塑性材料以_____为极限应力。

3. 选择题

4-18 变截面杆 AC 如图4-3所示。设 N_{AB}、N_{BC} 分别表示 AB 段和 BC 段的轴力,σ_{AB} 和 σ_{BC} 分别表示 AB 段和 BC 段上的应力,则下列结论正确的是( )。

A. $N_{AB} = N_{BC}$,$\sigma_{AB} = \sigma_{BC}$ B. $N_{AB} \neq N_{BC}$,$\sigma_{AB} \neq \sigma_{BC}$

C. $N_{AB} = N_{BC}$,$\sigma_{AB} \neq \sigma_{BC}$ D. $N_{AB} \neq N_{BC}$,$\sigma_{AB} = \sigma_{BC}$

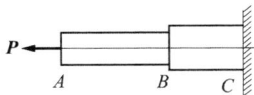

图 4-3

4-19 两个拉杆轴力相等,截面面积不相等,但杆件材料不同,则以下结论正确的是( )。

A. 变形相同,应力相同   B. 变形相同,应力不同

C. 变形不同,应力相同   D. 变形不同,应力不同

4-20 如图 4-4 所示铰接的正方形结构,由 5 根杆件组成,这 5 根杆件的情况是( )。

    A.全部是拉杆   B.5 是压杆,其余是拉杆

    C.全部是压杆   D.5 是拉杆,其余是压杆

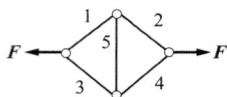

图 4-4

4-21 如图 4-5 所示的铰接正方形结构,由 5 根杆件组成,各杆的杆长变化为( )。

    A.全部都拉长   B.5 杆伸长,其余杆长不变

    C.全部都缩短   D.5 杆不伸长,其余都伸长

    E. 以上都不正确

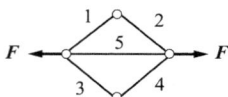

图 4-5

4-22 对于没有明显屈服阶段的塑性材料,其容许应力 $[\sigma] = \dfrac{\sigma'}{k}$,其中 σ' 应取( )。

    A.σ_s B.σ_b C.$\sigma_{0.2}$ D.σ_p

4-23 在其他条件不变时,若受轴向拉伸的杆件的直径增大 1 倍,则杆件横截面上的正应力和线应变将减少( )。

    A.1 倍   B.1/2 倍   C.2/3 倍   D.1/4 倍

4-24 在其他条件不变时,若受轴向拉伸的杆件的长度增加 1 倍,则杆件横截面上的正应力和线应变将( )。

    A. 增大   B. 减少   C. 不变   D. 以上都不正确

4-25 在其他条件不变时,若受轴向拉伸的杆件的长度增加 1 倍,则杆件的绝对变形将增加( )。

    A.1 倍   B.2 倍   C.3 倍   D.4 倍

4-26 材料变形性能指标是( )。

    A. 延伸率 δ,截面收缩率 Ψ B. 弹性模量 E,泊松比 μ

    C. 延伸率 δ,弹性模量 E D. 弹性模量 E,截面收缩率 Ψ

4-27 尺寸相同的钢杆和铜杆,在相同的轴向拉力作用下,其伸长比为 8 : 15。若钢杆的弹性模量为 $E_1 = 200\text{GPa}$,在比例极限内,铜杆的弹性模量 E_2 为( )。

    A.$\dfrac{8E_1}{15}$ B.$\dfrac{15E_1}{8}$ C. 等于 E_1 D. 以上都不是

4-28 低碳钢冷作硬化后,材料的( )。

    A. 比例极限提高而塑性降低   B. 比例极限和塑性均提高

    C. 比例极限降低而塑性提高   D. 比例极限和塑性均降低

4-29 应用拉（压）杆应力公式 $\boldsymbol{\sigma} = \dfrac{N}{A}$ 的必要条件是(　　)。

    A. 应力在比例极限内　　　　　　B. 外力合力作用线必须沿着杆的轴线

    C. 应力在屈服极限内　　　　　　D. 杆件必须为矩形截面杆

4-30 脆性材料具有以下哪种力学性质(　　)。

    A. 试件拉伸过程中出现屈服现象

    B. 压缩强度极限比拉伸强度极限大得多

    C. 抗冲击性能比塑性材料好

    D. 若构件因开孔造成应力集中现象，对强度无明显影响

4-31 当低碳钢试件的试验应力 $\sigma = \sigma_s$ 时，试件将(　　)。

    A. 完全失去承载能力　　　　　　B. 破坏断裂

    C. 发生局部颈缩现象　　　　　　D. 产生很大的塑性变形

4. 计算题

4-32 求图 4-6 中指定截面 1-1、2-2 上的轴力，并作图中各杆的轴力图。

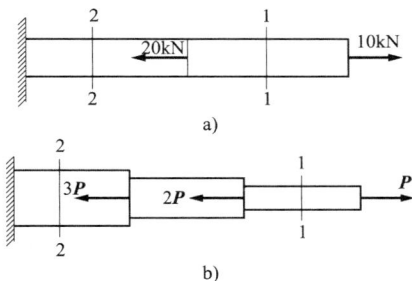

图 4-6

4-33 如图 4-7 所示梯形直杆，横截面 1-1、2-2、3-3 的面积分别为 $A_1 = 200\mathrm{mm}^2$，$A_2 = 300\mathrm{mm}^2$，$A_3 = 400\mathrm{mm}^2$，求各横截面上的应力。

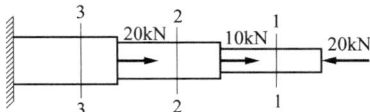

图 4-7

4-34 圆钢杆上有一槽，如图 4-8 所示，已知钢杆受拉力 $P = 15\mathrm{kN}$ 作用，钢杆直径 $d = 20\mathrm{mm}$。试求截面 1-1 和 2-2 上的应力（槽的面积可近似看成矩形，不考虑应力集中）。

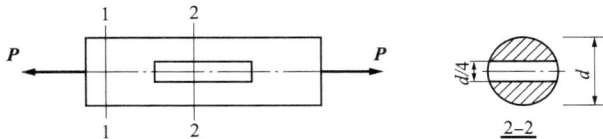

图 4-8

4-35 如图 4-9 所示，起重吊钩的上端用螺母固定，若吊钩螺栓柱内径 $d = 55\mathrm{mm}$，外径

$D = 63.5\text{mm}$,材料容许应力$[\sigma] = 80\text{MPa}$,试校核吊钩起吊$P = 170\text{kN}$重物时螺栓的强度。

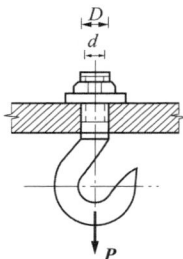

图 4-9

4-36 一载物木箱重5kN,用绳索吊起,如图4-10所示,试问每根吊索受力多少?如吊索用麻绳,试选择麻绳的直径。麻绳的容许拉力如下:

麻绳直径(mm)	20	22	25	29
容许拉力(N)	3 200	3 700	4 500	5 200

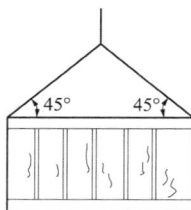

图 4-10

4-37 一矩形截面木杆,两端的截面被圆孔削弱,中间的截面被两个切口减弱,如图4-11所示。试验算在承受拉力$P = 70\text{kN}$时杆是否安全,已知$[\sigma] = 7\text{MPa}$。

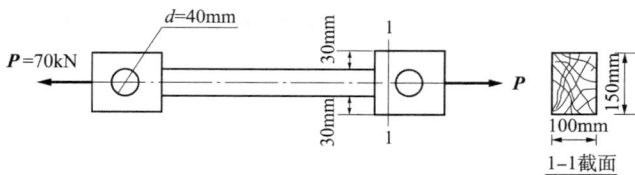

图 4-11

4-38 简单桁架BAC的受力如图4-12所示。已知$F = 18\text{kN}$,$\alpha = 30°$,$\beta = 45°$,AB杆的横截面面积为300mm^2,AC杆的横截面面积为350mm^2,试求各杆横截面上的应力。

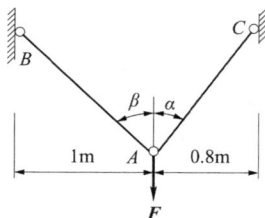

图 4-12

4-39　如图 4-13 所示三铰支架，杆 AB 为圆钢杆，直径 $d=160\text{mm}$；杆 BC 为正方形截面木杆，边长 $a=100\text{mm}$。已知荷载 $P=30\text{kN}$，求各杆横截面上的正应力。

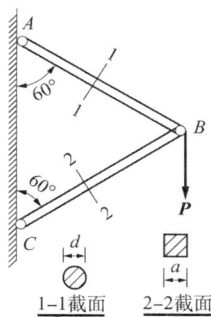

图　4-13

4-40　如图 4-14 所示支架，杆①为直径 $d=16\text{mm}$ 的圆截面钢杆，容许应力 $[\sigma]=162\text{MPa}$；杆②为边长 $a=100\text{mm}$ 的方形截面木杆，容许应力 $[\sigma]=10\text{MPa}$。已知节点 B 处挂一重物 $Q=36\text{kN}$，试校核两杆的强度。

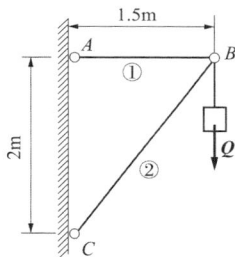

图　4-14

4-41　如图 4-15 所示结构中，杆①为钢杆，$A_1=1\,000\text{mm}^2$，$[\sigma]_1=120\text{MPa}$；杆②为木杆，$[\sigma]_2=10\text{MPa}$。试求：(1)根据杆①的强度条件确定容许荷载 $[P]$；(2)根据容许荷载确定木杆②所需的面积。

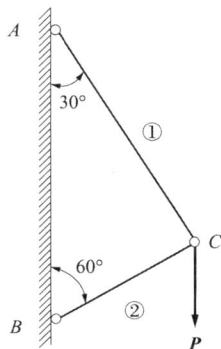

图　4-15

4-42　如图 4-16 所示支架，杆①的容许应力 $[\sigma]_1=120\text{MPa}$，杆②的容许应力 $[\sigma]_2=60\text{MPa}$，两杆截面面积均为 $A=200\text{mm}^2$，求容许荷载 $[P]$。

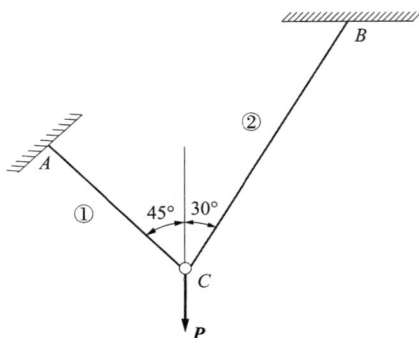

图 4-16

4-43 如图 4-17 所示为起吊钢管的情况。已知钢管的重力 $G = 10\text{kN}$，绳索的直径 $d = 40\text{mm}$，其容许应力 $[\sigma] = 10\text{MPa}$，试校核绳索的强度。

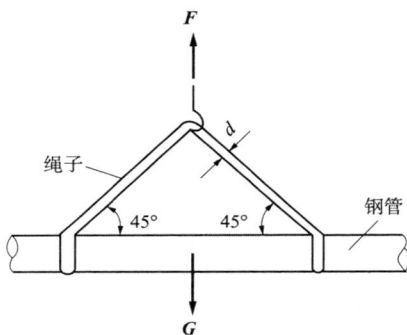

图 4-17

4-44 材料相同的两根杆件受力如图4-18所示，已知杆①的伸长量为 Δl，求杆②的伸长量。

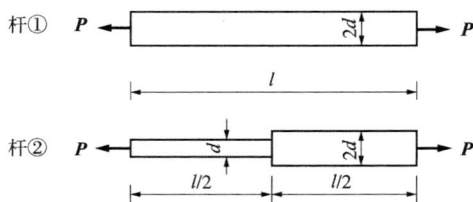

图 4-18

4-45 如图4-19所示钢木桁架，已知集中荷载 $P = 16\text{kN}$，杆 DI 为钢杆，钢的容许应力 $[\sigma] = 170\text{MPa}$，试选择 DI 杆的直径 d。

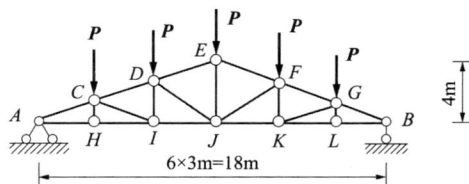

图 4-19

4-46 如图 4-20 所示起重机的 *BC* 杆由钢丝绳 *AB* 拉住,钢丝绳直径 $d = 26\text{mm}$,$[\sigma] = 162\text{MPa}$,试问起重机的最大起重荷载 *W* 可为多少?

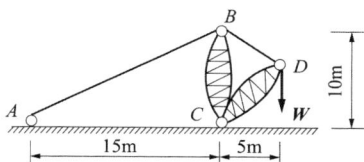

图 4-20

4-47 横截面面积为 10cm^2 的钢杆如图 4-21 所示。已知 $P = 20\text{kN}$,$Q = 20\text{kN}$,$E = 200\text{GPa}$,试作杆的轴力图,并求杆的总变形量及杆 *A* 截面上的正应力。

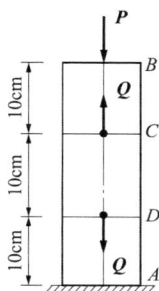

图 4-21

4-48 截面为正方形的阶梯砖柱如图 4-22 所示。上柱高 $H_1 = 3\text{m}$,截面面积 $A_1 = 240\text{mm} \times 240\text{mm}$;下柱高 $H_2 = 4\text{m}$,截面面积 $A_2 = 370\text{mm} \times 370\text{mm}$。荷载 $P = 40\text{kN}$,砖的弹性模量 $E = 3\text{GPa}$,试计算:(1)上、下柱的应力;(2)上、下柱的应变;(3)*A* 截面与 *B* 截面的位移。注:不考虑砖柱的自重力。

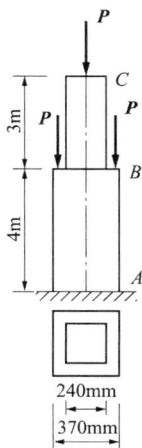

图 4-22

单元五
UNIT FIVE
连接件的实用计算

一、学习要求

（1）知道剪切变形的受力特点和变形特点；

（2）能够列举说明工程实际中某一连接件的剪切面与挤压面；

（3）会进行剪切与挤压的实用计算；

（4）能够叙述剪切胡克定律和剪应力互等定律。

（5）知道榫卯结构的力学特点。

二、请你参与

序号	项　目	内　容
1	抄写本单元标题	
2	自主学习形式	课前预习□　课后复习□　按时完成作业□　参加小组学习研讨□ 观看视频□　完成课外阅读□　完成实践学习任务□　线上学习□ 其他：_____
3	摘写本单元小结	列出主要概念、定理、公式：

续上表

序号	项 目	内 容
4	概述学习体会	概念:容易理解☐　课内学懂☐　课后复习后理解☐　理解困难☐ 计算:容易掌握☐　课外通过学习互助后能够掌握☐　非常困难☐ 作图:已经掌握☐　经辅导和研讨后掌握☐　不会作图☐ 进度:进度太快☐　进度适中☐　进度较慢☐ 其他:对专业、行业认知有提高☐　学习兴趣增加☐　科学素养有提高☐ 　　　了解职业精神☐　团队合作能力提高☐　表达能力提高☐ 　　　获取有效信息能力提高☐ 其他:
5	提出疑难问题	最难理解的概念: 不会计算的习题(写出题号): 难以掌握的作图题(写出题号): 需要提供的学习指导方式:教师线上辅导☐　小组合作研讨☐ 　　　　　　　　　　　　学长助教☐　习题课☐　实践学习任务☐ 其他:
6	作出自我评价	本单元学习效果:优秀☐　良好☐　合格☐　有待提高☐
		请你在学习开始之际填写第1、2项,学完本单元之后填写第3~6项,选项中可勾选多个

三、问题解析

1.挤压与压缩有何区别?试指出图5-1中哪个物体应考虑压缩强度?哪个物体应考虑挤压强度?

解:(1)挤压与压缩的主要区别是:

①压缩遍及导致压缩的两轴向外力间的整个杆件;挤压则局限于接触表面。

②压缩应力是严格意义的应力,即压缩内力的集度;挤压应力只是挤压面上的压强,"挤压应力"只是一种习惯叫法。

③压缩应力在截面上均匀分布;挤压应力在挤压面上分布复杂,只是在实用计算中被假定为均匀分布。

④挤压必定是相互的,压缩则无此特点。

(2)图5-1中钢柱受压缩,在与铜板接触处也受挤压,由于钢的挤压强度高于铜,因此对钢柱来说,只需考虑压缩强度。而铜板受挤压,严格地说,也受压缩,但因铜板横截面大,压缩应力小,因此只需考虑其挤压强度。

2.木榫接头如图5-2所示。$a=b=120\text{mm}$,$h=350\text{mm}$,$c=45\text{mm}$,$P=40\text{kN}$。试求接头的剪切应力和挤压应力。

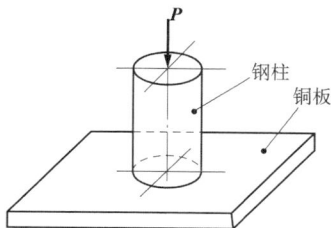

图 5-1

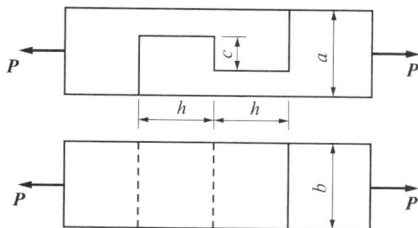

图 5-2

解:接头的剪切面积　　　　　　　　　　$A=bh$

剪切应力 $\qquad \tau = \dfrac{P}{A} = \dfrac{40 \times 10^3}{120 \times 350} = 0.952\,(\text{MPa})$

接头的挤压面积 $\qquad A_c = bc$

挤压应力 $\qquad \sigma_c = \dfrac{P_c}{A_c} = \dfrac{40 \times 10^3}{120 \times 45} = 7.41\,(\text{MPa})$

四、练习题

1. 判断题

( )5-1 剪切变形的受力特点是外力作用线垂直于杆件轴线。

( )5-2 连接件发生剪切变形时,截面上的剪力垂直于受剪面。

2. 填空题

5-3 在承受剪切的构件中,发生_____的截面,称为剪切面;构件在受剪切时,伴随着发生_____作用。

5-4 剪切变形的内力_____于剪切面,用_____表示。切应力在剪切面上的分布是_____,工程实际中通常假定切应力在剪切面上是_____分布的,用公式_____表示。

5-5 拉(压)杆件连接件的变形形式主要是剪切变形并伴有_____。

5-6 一般情况下,连接件需作三种强度计算:_____、_____、_____。

5-7 当剪应力不超过材料的剪切_____极限时,剪应变与剪应力成正比。

5-8 剪切胡克定律适用于_____变形范围。

3. 选择题

5-9 当剪应力超过材料的剪切比例极限时,下列说法正确的是( )。

A. 剪应力互等定理和剪切胡克定律都不成立

B. 剪应力互等定理和剪切胡克定律都成立

C. 剪应力互等定理成立和剪切胡克定律不成立

D. 剪应力互等定理不成立和剪切胡克定律成立

5-10 榫接件如图 5-3 所示,两端受拉力 P 作用,已知容许挤压应力为 $[\sigma_c]$,则连接件的挤压强度条件为( )。

A. $\dfrac{2P}{(h-e)b} \leqslant [\sigma_c]$ \qquad B. $\dfrac{P}{eb} \leqslant [\sigma_c]$ \qquad C. $\dfrac{P}{(h-e)b} \leqslant [\sigma_c]$ \qquad D. $\dfrac{2P}{eb} \leqslant [\sigma_c]$

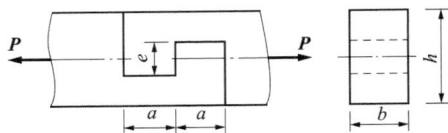

图 5-3

4. 计算题

5-11 如图 5-4 所示,两块厚度为 10mm 的钢板,用两个直径为 17mm 的铆钉搭接在一起,

钢板受拉力 $P=60\text{kN}$,已知 $[\tau]=140\text{MPa}$,$[\sigma_c]=280\text{MPa}$。假定每个铆钉受力相等,试校核铆钉的强度。

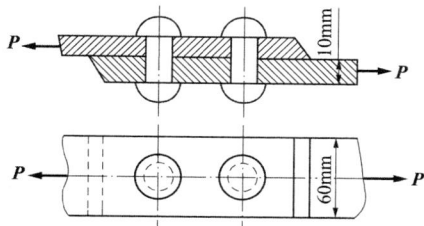

图 5-4

5-12 如图 5-5 所示,厚度 $t=6\text{mm}$ 的两块钢板用 3 个铆钉连接,已知 $F=50\text{kN}$,材料的 $[\tau]=100\text{MPa}$,$[\sigma_c]=280\text{MPa}$,试确定铆钉直径 d。若用 $d=12\text{mm}$ 的铆钉,问需要几个?

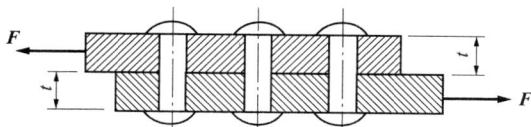

图 5-5

5-13 如图 5-6 所示,铆接钢板的厚度 $\delta=10\text{mm}$,铆钉直径 $d=20\text{mm}$,铆钉的容许剪应力 $[\tau]=140\text{MPa}$,容许挤压应力 $[\sigma_c]=320\text{MPa}$,承受荷载 $P=30\text{kN}$,试作强度校核。

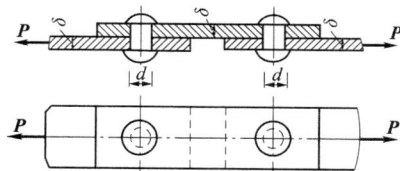

图 5-6

5-14 如图 5-7 所示,一混凝土柱,其横截面为正方形,边长 $a=0.2\text{m}$,竖立在边长 $b=1\text{m}$ 的正方形混凝土基础板上,柱顶承受轴向压力 $P=100\text{kN}$。若地基对混凝土基础板的支承反力是均匀分布的,混凝土的容许剪应力 $[\tau]=1.5\text{MPa}$,要使混凝土柱不会穿过混凝土基础板,试求板应有的最小厚度 t。

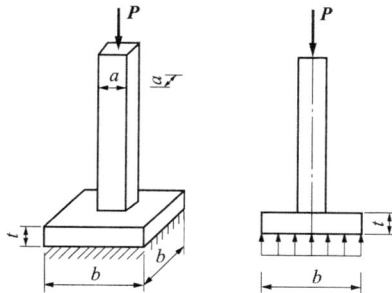

图 5-7

单元六
UNIT SIX
圆轴的扭转变形与强度计算

一、学习要求

(1)知道圆轴扭转时的受力特点和变形特点;

(2)会计算外力偶矩及圆轴横截面上的扭矩,并绘制扭矩图;

(3)能够叙述圆轴扭转时截面上剪应力的分布规律;

(4)知道剪应力计算公式中各符号的力学意义;

(5)会计算受扭圆轴的强度;

(6)知道扭转角的概念。

二、请你参与

序号	项　目	内　容
1	抄写本单元标题	
2	自主学习形式	课前预习□　课后复习□　按时完成作业□　参加小组学习研讨□ 观看视频□　完成课外阅读□　完成实践学习任务□　线上学习□ 其他:＿＿＿＿＿＿＿＿＿＿＿＿＿＿＿＿＿＿＿＿＿＿
3	摘写本单元小结	列出主要概念、定理、公式:

续上表

序号	项　目	内　容
4	概述学习体会	概念:容易理解□　课内学懂□　课后复习后理解□　理解困难□ 计算:容易掌握□　课外通过学习互助后能够掌握□　非常困难□ 作图:已经掌握□　经辅导和研讨后掌握□　不会作图□ 进度:进度太快□　进度适中□　进度较慢□ 其他:对专业、行业认知有提高□　学习兴趣增加□　科学素养有提高□ 　　　了解职业精神□　团队合作能力提高□　表达能力提高□ 　　　获取有效信息能力提高□ 　　　其他:_____
5	提出疑难问题	最难理解的概念: 不会计算的习题(写出题号): 难以掌握的作图题(写出题号): 需要提供的学习指导方式:教师线上辅导□　小组合作研讨□ 　　　　　　　　　　　　学长助教□　习题课□　实践学习任务□ 其他:_____
6	作出自我评价	本单元学习效果:优秀□　良好□　合格□　有待提高□
请你在学习开始之际填写第1、2项,学完本单元之后填写第3～6项,选项中可勾选多个		

三、问题解析

1.试分析图 6-1 中横截面上扭转剪应力分布是否正确?为什么?

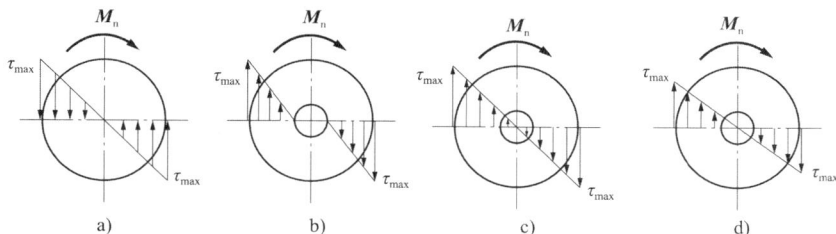

图　6-1

解:图 6-1a)、b)、c)中圆截面上的扭转剪应力分布都是错误的。

a)图错在剪应力 τ 的指向与扭矩的转向相矛盾。

b)图错在内壁处,由于 $\rho \neq 0$,因此剪应力 $\tau_\rho = \dfrac{M_n\rho}{I_\rho}$ 不应为零。

c)图错在内壁处,内壁以外应无剪应力 τ。

2.某空心钢轴,内外直径之比 $\alpha = 0.8$,传递的功率 $P = 60\text{kW}$,转速 $n = 250$ 转/分,单位允许扭转角 $[\theta] = 0.8°/\text{m}$,试按照强度条件与刚度条件选择轴的内外径 d、D。

解:(1)计算外力偶矩: $m_A = 9\ 550\ \dfrac{P}{n} = 9\ 550\ \dfrac{60}{250} = 2\ 292(\text{N}\cdot\text{m})$

　　圆轴受垂直力偶作用面的一对外力偶作用时,会发生扭转变形。由于扭矩在整个轴内无变化,可以不画扭矩图。

　　(2)按照强度条件计算轴的外径D_1

　　根据强度条件公式:

$$\tau_{max} = \frac{T_{max}}{W_P} = \frac{T_{max}}{\frac{\pi}{16}D_1^3(1-\alpha^4)} \leqslant [\tau]$$

得:$D_1 \geqslant \sqrt[3]{\frac{16\,T_{max}}{\pi[\tau](1-\alpha^4)}} = \sqrt[3]{\frac{16 \times 2\,292}{3.14 \times 60 \times 10^6 \times (1-0.8^4)}} = 0.069\,(\text{m}) = 69\,(\text{mm})$

　　(3)按照刚度条件计算轴的外径D_2

　　根据刚度条件公式:

$$\theta_{max} = \frac{T_{max}}{GI_P} \times \frac{180°}{\pi} = \frac{T_{max}}{G\frac{\pi D_2^4}{32}(1-\alpha^4)} \times \frac{180°}{\pi} \leqslant [\theta]$$

得:

$$D_2 \geqslant \sqrt[4]{\frac{32 \times 180\,T_{max}}{\pi^2 G[\theta](1-\alpha^4)}} = \sqrt[4]{\frac{32 \times 180 \times 2\,292}{3.14^2 \times 80 \times 10^9 \times 0.8 \times (1-0.8^4)}} = 0.077\,(\text{m}) = 77\,(\text{mm})$$

　　答:应选择值较大的外径,$D = 77\text{mm}$。

四、练习题

1.判断题

(　　)6-1　圆轴发生扭转变形时截面上的应力是剪应力,内力是剪力。

(　　)6-2　圆轴发生扭转变形时,横截面上的剪应力是均匀分布的。

2.填空题

6-3　圆轴扭转时的受力特点是:一对外力偶作用面均_____于该圆轴的轴线,其转向_____。

6-4　圆轴扭转时变形的特点是:圆轴的横截面绕该轴的轴线发生_____。

6-5　在受扭转圆轴的横截面上,其扭矩的大小等于该截面一侧(左侧或右侧)轴段上所有外力矩的_____。

6-6　圆轴扭转,横截面上任一点的剪应变与该点到圆心的距离_____。

6-7　圆轴扭转时,其横截面上的剪应力与半径_____,在同一半径的圆周上各点的剪应力大小_____。同一半径上各点的应力的大小按_____规律分布,轴线上的剪应力为_____,外圆周上各点剪应力_____。

3.选择题

6-8　杆件扭转时,其平面假设的正确结果,只有通过(　　)的扭转变形才能得到。

　　A.等直杆　　　　　　　　　　　B.圆截面沿轴线变化的锥形杆

　　C.等直圆杆　　　　　　　　　　D.等直杆和锥形杆

6-9　直径和长度均相同的两根轴,其横截面上的扭矩也相等,而材料不同,因此二者的最大剪应力是(　　)的,扭转角是(　　)的。

　　　A. 相同;相同　　　B. 相同;不同　　　C. 不同;不同　　　D. 不同;相同

6-10　产生扭转变形的一实心轴和空心轴材料相同,外力偶矩相同,当二者的扭转强度一样时,他们的抗扭截面系数应(　　)。

　　　A. 相等　　　　　　B. 不确定　　　　　C. 不相等

6-11　汽车转动主轴所传递的功率不变,当轴的转速降低为原来的二分之一时,轴所受的外力偶的力偶矩较之转速降低前将(　　)。

　　　A. 增大一倍数　　B. 增大三倍数　　　C. 减小一半　　　D. 不改变

6-12　长度相同、横截面积相同、材料和所受扭矩均相同的两根轴,一为实心轴,一为空心轴,$\varphi_{实}$和$\varphi_{空}$分别为实心轴和空心轴的扭转角,则(　　)。

　　　A. $\varphi_{实} = \varphi_{空}$　　　B. $\varphi_{实} < \varphi_{空}$　　　C. $\varphi_{实} > \varphi_{空}$　　　D. $\varphi_{实}$与$\varphi_{空}$无法比较

4. 计算题

6-13　求图 6-2 中圆轴指定截面上的扭矩,并画出扭矩图。

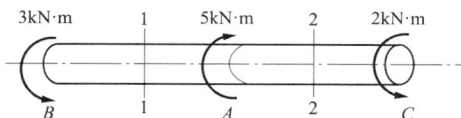

图 6-2

6-14　如图 6-3 所示,一实心圆轴直径 $D=100$mm,其两端作用的外力偶矩为 $M_e = 4$kN·m。试求:(1)图示截面 A、B、C 三点处的剪应力数值和方向;(2)最大剪应力 τ_{max}。

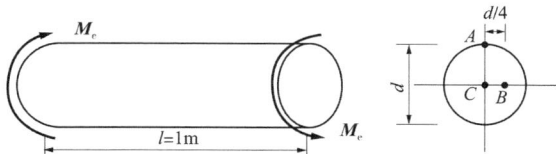

图 6-3

6-15　一钢质空心轴,受 $M_e = 60$kN·m 的外力偶矩作用,容许剪应力 $[\tau] = 70$MPa,若内外直径比 $\alpha = \dfrac{d}{D} = \dfrac{2}{3}$,试求轴的直径。

6-16　设有一实心轴,如图 6-4 所示,两端受到扭转的外力偶矩 $M = 14$kN·m,轴直径 $d = 10$cm,长度 $l = 100$cm,$G = 80$GPa,试计算:(1)截面上 A 点的剪应力;(2)横截面上的最大剪应力;(3)轴的扭转角。

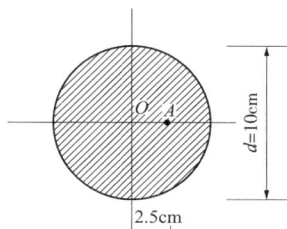

图 6-4

单元七
UNIT SEVEN
截面的几何性质与计算

一、学习要求

(1)能够叙述重心和形心的定义;

(2)会利用公式计算物体的重心和组合图形的形心;

(3)能够描述静矩、极惯性矩、惯性矩的定义,会计算简单图形的静矩、极惯性矩、惯性矩;

(4)自选一个平面组合图形,应用平行移轴定理计算其惯性矩;

(5)列举一个工程构件或针对实践学习任务五中的任务,对截面的几何性质展开讨论,并撰写分析报告和填写学习任务书或小组活动记录表。

二、请你参与

序号	项 目	内 容
1	抄写本单元标题	
2	自主学习形式	课前预习□　课后复习□　按时完成作业□　参加小组学习研讨□ 观看视频□　完成课外阅读□　完成实践学习任务□　线上学习□ 其他:＿＿＿＿＿＿＿＿＿＿＿＿＿＿＿＿＿＿＿
3	摘写本单元小结	列出主要概念、定理、公式:

序号	项　　目	内　　容
4	概述学习体会	概念:容易理解□　课内学懂□　课后复习后理解□　理解困难□ 计算:容易掌握□　课外通过学习互助后能够掌握□　非常困难□ 作图:已经掌握□　经辅导和研讨后掌握□　不会作图□ 进度:进度太快□　进度适中□　进度较慢□ 其他:对专业、行业认知有提高□　学习兴趣增加□　科学素养有提高□ 　　　了解职业精神□　团队合作能力提高□　表达能力提高□ 　　　获取有效信息能力提高□ 　　　其他:_____
5	提出疑难问题	最难理解的概念: 不会计算的习题(写出题号): 难以掌握的作图题(写出题号): 需要提供的学习指导方式:教师线上辅导□　小组合作研讨□ 　　　　　　　　　　　　学长助教□　习题课□　实践学习任务□ 其他:_____
6	作出自我评价	本单元学习效果:优秀□　良好□　合格□　有待提高□
请你在学习开始之际填写第1、2项,学完本单元之后填写第3～6项,选项中可勾选多个		

三、问题解析

1. 惯性矩的计算应注意哪些问题?

解:惯性矩的计算应注意下面三点:

(1)惯性矩不仅与截面大小和形状有关,而且与坐标轴的位置有关,因此提到惯性矩,必须明确是对哪一轴的惯性矩。图形的最小惯性矩是相对形心轴的形心惯性矩。

(2)在理解公式 $I_\rho = I_x + I_y$ 的基础上记住圆形和圆环形的 $I_\rho = 2I_x = 2I_y$。

(3)平行移轴定理不能直接用于不通过截面形心的两平行轴。

2. 求图7-1所示截面对 x 轴的惯性矩。

解:图7-1可看作是由正方形截面在左边和右边各挖去半径为80mm的半圆构成。因此,图示截面对 x 轴的惯性矩等于正方形对 x 轴的惯性矩减去两个半圆即一个整圆对 x 轴的惯性矩。即

$$I_x = I_{x矩} - I_{x圆} = \frac{bh^3}{12} - \frac{\pi d^4}{64} = \frac{200 \times 200^3}{12} - \frac{\pi \times 160^4}{64} = 10\,110 \times 10^4 (\text{mm}^4)$$

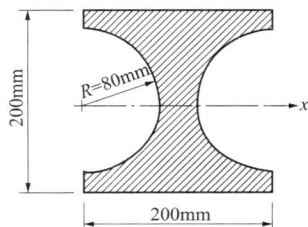

图　7-1

四、练习题

1. 填空题

7-1 具有对称性的截面图形,其形心必在 _____ 轴上,截面对该轴的静矩为 _____。

7-2 截面图形对一点的极惯性矩,等于截面对通过该点的任意两正交坐标轴的 _____ 之和。

7-3 若坐标 y 或 z 中有一个为截面图形的对称轴,则其惯性积 I_{yz} 恒等于 _____。

7-4 使截面图形的惯性积为零的一对坐标轴称为 _____,若其中一轴过截面形心称为 _____,截面对该轴的惯性矩称为 _____。

7-5 组合图形对某轴的惯性矩,等于组成组合图形的 _____ 对同一轴的惯性矩的和。

7-6 在图 7-2 所示的 $B \times H$ 的矩形中对称挖掉一个 $b \times h$ 的小矩形,则此截面的抗弯截面模量 $W_z =$ _____。

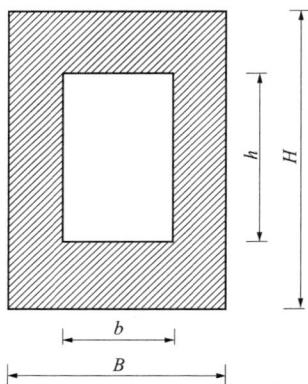

图 7-2

2. 选择题

7-7 对于某个平面图形,以下结论正确的是( )。

    A. 图形对某一轴的惯性矩可以为零

    B. 图形若有两根对称轴,该两对称轴的交点必为形心

    C. 对于图形的对称轴,惯性矩必为零

    D. 若图形对某轴的惯性矩等于零,则该轴必为对称轴

7-8 圆形截面对其形心轴的惯性矩是( )。

    A. $\pi d^2/4$ B. $\pi d^4/32$ C. $\pi d^3/16$ D. $\pi d^4/64$

7-9 图 7-3 所示矩形截面对 z 轴的惯性矩为( ),对 y 轴的惯性矩为( )。

    A. $bh^2/12$;$bh^4/6$ B. $bh^3/3$;$hb^3/12$

    C. $hb^3/12$;$hb^4/3$ D. $hb^4/6$;$hb^3/12$

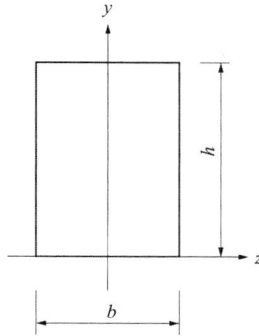

图 7-3

3. 计算题

7-10 试求如图 7-4 所示平面图形对其形心轴的惯性矩。

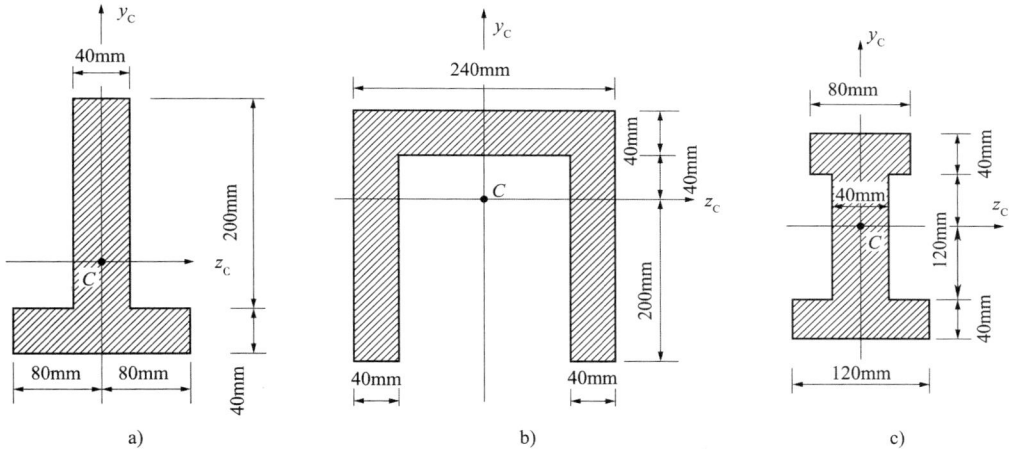

图 7-4

7-11 如图 7-5 所示,试求截面积 $A = 120\text{cm}^2$ 的正方形、圆形对形心轴的惯性矩,并与 45c 工字钢的惯性矩作比较。

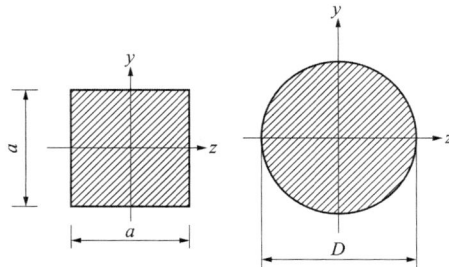

图 7-5

7-12 如图 7-6 所示,计算 $b = 150\text{mm}$、$h = 300\text{mm}$ 的矩形截面对 z_c 轴的惯性矩。如按图中虚线所示,将矩形截面的中间部分移到两边拼成工字形,试计算此工字形截面对 z_c 轴的惯性矩。

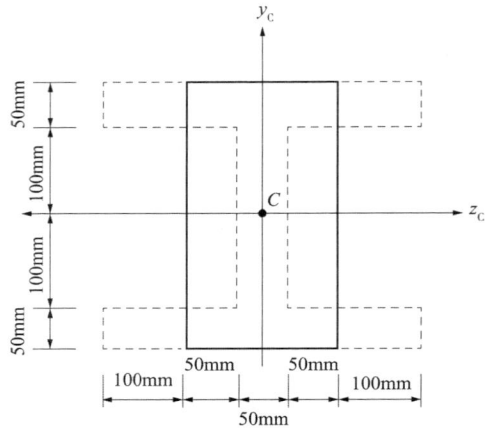

图 7-6

7-13　要使图7-7中两个10号工字钢组成的组合截面对两个对称轴的惯性矩相等,距离 e 应为多少?

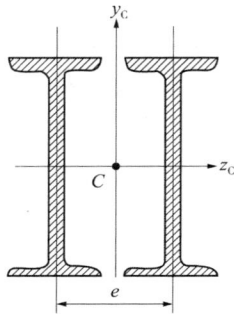

图 7-7

单元八
UNIT EIGHT
梁的弯曲内力与内力图画法

一、学习要求

（1）能够根据梁的受力情况，说明梁的两种内力和截面法的概念；

（2）会计算梁任一横截面上的剪力和弯矩；

（3）能够应用荷载集度 q、剪力 $Q(x)$ 与弯矩 $M(x)$ 的微分关系绘制梁的剪力图和弯矩图；

（4）能够应用叠加法绘制梁的弯矩图；

（5）以个人或学习小组为单位任选课程学习项目二、三、四、六中的任务或自拟工程现场考察结构进行梁的内力分析，确定危险截面，完成计算说明书和内力图图纸，填写学习任务报告单。

二、请你参与

序号	项　　目	内　　容
1	抄写本单元标题	
2	自主学习形式	课前预习□　课后复习□　按时完成作业□　参加小组学习研讨□ 观看视频□　完成课外阅读□　完成实践学习任务□　线上学习□ 其他：_____
3	摘写本单元小结	列出主要概念、定理、公式：

序号	项　目	内　容
4	概述学习体会	概念:容易理解□　课内学懂□　课后复习后理解□　理解困难□ 计算:容易掌握□　课外通过学习互助后能够掌握□　非常困难□ 作图:已经掌握□　经辅导和研讨后掌握□　不会作图□ 进度:进度太快□　进度适中□　进度较慢□ 其他:对专业、行业认知有提高□　学习兴趣增加□ 　　　科学素养有提高□　了解职业精神□　团队合作能力提高□ 　　　表达能力提高□　获取有效信息能力提高□ 　　　其他:＿＿＿＿＿＿＿＿＿＿＿＿＿＿＿＿＿＿＿＿＿
5	提出疑难问题	最难理解的概念: 不会计算的习题(写出题号): 难以掌握的作图题(写出题号): 需要提供的学习指导方式:教师线上辅导□　小组合作研讨□ 　　　　　　　　　　　　学长助教□　习题课□　实践学习任务□ 其他:＿＿＿＿＿＿＿＿＿＿＿＿＿＿＿＿＿＿＿＿＿
6	作出自我评价	本单元学习效果:优秀□　良好□　合格□　有待提高□
请你在学习开始之际填写第1、2项,学完本单元之后填写第3~6项,选项中可勾选多个		

三、问题解析

1. 求图8-1a)所示简支梁1-1、2-2、3-3及4-4各截面上的内力。1-1、2-2分别是无限接近于集中力 P 的截面,而3-3、4-4分别是无限接近于集中力偶 M 的截面。已知 $P=30\text{kN}, M=60\text{kN}\cdot\text{m}$,分布荷载 $q=10\text{kN/m}, a=2\text{m}$。

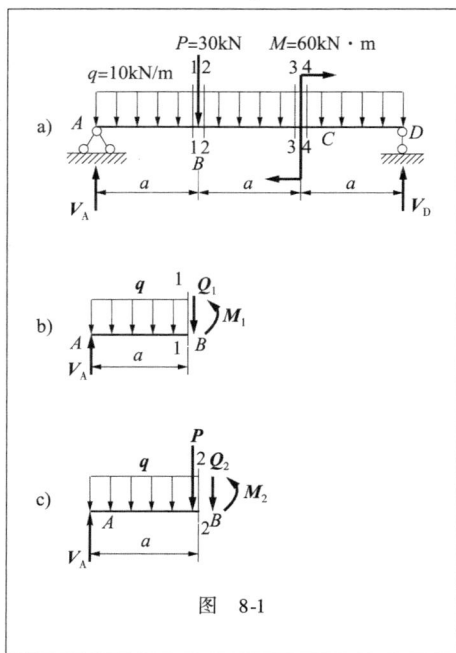

图 8-1

解:(1)求支座的约束反力 V_A 及 V_D。

$$\sum M_D=0 \qquad V_A=\frac{2Pa+\dfrac{9}{2}qa^2-M}{3a}=40\text{kN}(\uparrow)$$

$$\sum M_A=0 \qquad V_D=\frac{Pa+\dfrac{9}{2}qa^2+M}{3a}=50\text{kN}(\uparrow)$$

(2)沿1-1截面将梁截开,取左段为分离体。由平衡条件可知,只需在1-1截面加上剪力 Q_1 及弯矩 M_1[图8-1b)]。

$$\sum Y=0 \qquad Q_1=V_A-qa=20\text{kN}$$

$$\sum M_B=0 \qquad M_1=V_Aa-\frac{qa^2}{2}=60\text{kN}\cdot\text{m}$$

(3)对于2-2截面[图8-1c)]。

$$\sum Y=0 \qquad Q_2=V_A-qa-P=-10\text{kN}$$

$$\sum M_B=0 \qquad M_2=V_Aa-\frac{qa^2}{2}=60\text{kN}\cdot\text{m}$$

（4）对于 3-3 截面[图 8-1d)]。

$$\sum Y = 0 \qquad Q_3 = V_A - 2qa - P = -30\text{kN}$$

$$\sum M_C = 0 \qquad M_3 = 2V_Aa - 2qa^2 - Pa = 20\text{kN}\cdot\text{m}$$

（5）对于 4-4 截面[图 8-1e)]。

$$\sum Y = 0 \qquad Q_4 = V_A - 2qa - P = -30\text{kN}$$

$$\sum M_C = 0 \qquad M_4 = 2V_Aa - 2qa^2 - Pa + M = 80\text{kN}\cdot\text{m}$$

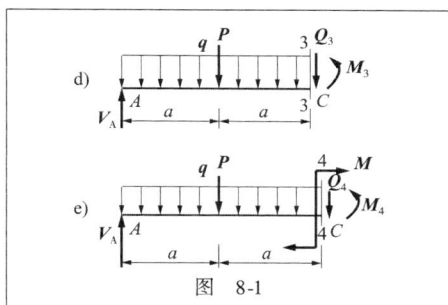

图 8-1

2. 运用简捷作图法绘制剪力图和弯矩图

解：根据剪力方程和弯矩方程画 Q、M 图是画剪力图和弯矩图的基本方法。当梁上的荷载沿梁的轴线变化较多时，根据剪力方程和弯矩方程画 Q、M 图就显得十分烦琐。下面介绍利用 M、Q 与 q 的微分关系得出的 M、Q 与 q 之间的若干规律来作 Q、M 图的简捷作图方法。

运用简捷作图法作 Q、M 图时，需要掌握以下几点：

（1）计算支座反力，并将支座反力的实际方向和数值在梁的计算简图上标出。

（2）在集中力作用处，Q 图发生突变，突变值等于集中力的数值。突变的方向是：当自左向右画 Q 图时，突变的方向与集中力的方向相同；而当自右向左画 Q 图时，突变的方向与集中力的方向相反。

（3）在集中力偶作用处，Q 图不变，M 图发生突变，突变值等于集中力偶的力偶矩值。突变的方向是：当自左向右画 M 图时，顺时针转向的力偶使 M 图向下突变（即由负弯矩向正弯矩的方向突变），逆时针转向的力偶使 M 图向上突变（即由正弯矩向负弯矩的方向突变）；而当自右向左画 M 图时，突变的方向与之相反。

（4）计算梁上各段端点特征截面的 Q 值与 M 值。特征截面是指 Q 图和 M 图有变化的截面，这些截面一般是指外力有变化（包括支座）的截面和极值弯矩所在的截面。

（5）利用 M 图与 Q 图和 q 之间的规律画出 Q、M 图。

（6）Q 图和 M 图自左端到右端应该封闭。若不封闭，则作图有误。

3. 用简捷作图方法画出图 8-2a)所示外伸梁的 Q 图和 M 图。

解：（1）计算支座反力，并标注在图 8-2a)上。
$$R_B = 2.5qa(\uparrow) \qquad R_C = 0.5qa(\uparrow)$$
（2）画 Q 图。

按步骤从左至右，分段画 Q 图。

第一步：因为梁上 A 点处有集中力 $qa(\downarrow)$，Q 图有突变，突变的方向与集中力的方向相同，所以应从 A 点向下突变 qa，Q 图从 A 点向下画到①点[图 8-2b)]。

第二步：因为 AB 段梁上的 $q = 0$，所以 Q 图为水平线，Q 图从①点水平地画到②点[图 8-2c)]。

第三步：因为 B 点处有支座反力 $R_B = 2.5qa$（$\uparrow$），R_B 是集中力，Q 图有突变，突变的方向与集中

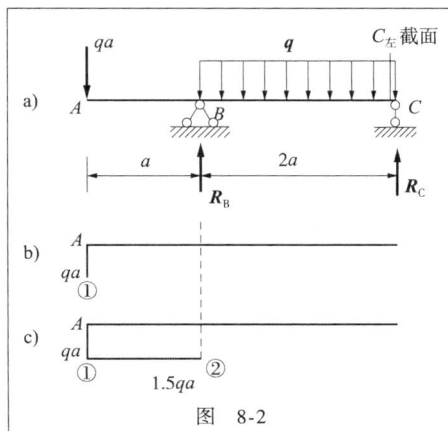

图 8-2

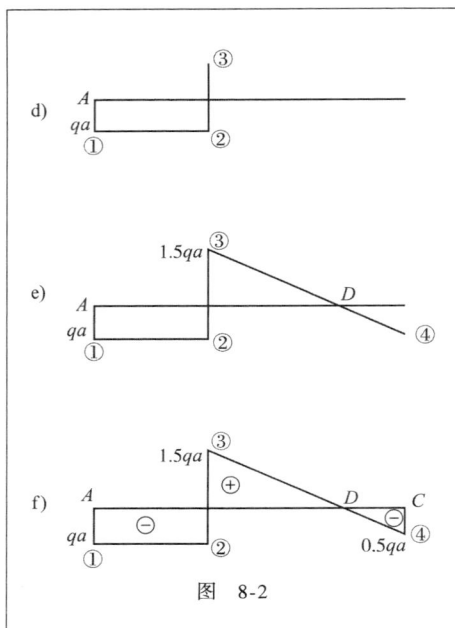

图 8-2

力 R_B 的方向相同,所以 Q 图从②点向上突变 $2.5qa$,Q 图从②点向上画到③点[图8-2d]。

第四步:在 BC 段梁上的 $q=$ 常数,且 q 向下($q<0$),Q 图为下斜直线(\)。该下斜直线的起点是③点,终点在梁的右端(C 点处),可见只需求出梁右端 C 点处的剪力即可。为此,求 C 点左邻截面[即 $C_左$ 截面,见图 8-2a)]上的剪力 $Q_{C左}$,取 $C_左$ 截面右侧的梁段,可得 $Q_{C左}=-R_C=-0.5qa$,于是在 Q 图上得到④点,Q 图从③点用下斜直线画到④点[图 8-2e)]。

第五步:因 C 点处有支座反力 $R_C=0.5qa$ ($\uparrow$),R_C 是集中力,Q 图有突变,所以 Q 图从④点向上突变 $0.5qa$ 画到 C 点[图 8-2f)]。

这样,Q 图从水平基线上的左端出发,从左至右,经过点①、点②、点③、点④,最终到达基线上的右端 C 点,Q 图封闭。

(3)画 M 图。

按步骤从左至右,分段画 M 图。

第一步:在梁上左端的 A 点处,无集中力偶,M 图在该点处为零。在 AB 梁段上,$q=0$,Q 图上剪力值为负常数,故 M 图应为上斜直线(/)。B 截面为特征截面,其弯矩值为(截面左侧的所有外力对截面形心取矩):

$$M_B=-(qa)\cdot a=-qa^2$$

于是,M 图从 A 点用上斜直线画到①点[图8-3c)]。

第二步:在 BC 段梁上,$q=$ 常数 <0,故 M 图应为上凹曲线。在 $Q=0$ 的 D 点处,M 图有极值 M_D,所以 D 截面应是特征截面,这里需要解决两个问题:①确定 $Q=0$ 的 D 截面的位置;②计算出 D 截面的弯矩 M_D。

设 D 点到 A 点的距离为 x,Q_D 等于 D 截面左侧(或右侧)所有外力的代数和并令其等于零,即

$$Q_D=-qa+2.5qa-q(x-a)=0$$

得

$$x=2.5a$$

D 截面的弯矩 M_D 等于 D 截面左侧(或右侧)所有外力对 D 截面形心取矩的代数和,即

$$M_D=-qa\times2.5a+2.5qa\times(2.5a-a)-q(2.5a-a)\times$$

$$\frac{1}{2}(2.5a-a)=0.125qa^2$$

在 M 图上由 D 点向下画到②点,其弯矩值为 $0.125qa^2$[图 8-3d)]。

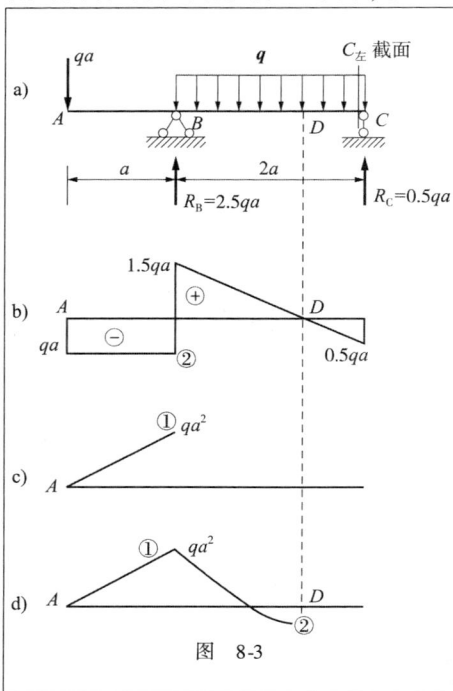

图 8-3

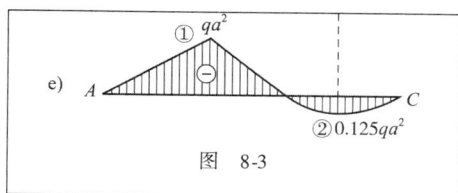

图 8-3

第三步:在右端 C 点处为铰支座,无集中力偶,故 $M_C=0$,用上凹曲线连接①、②和 C 三点[图 8-3e)]。

这样,M 图由水平基线上的左端 A 出发,经过点①、点②,最后到达基线上右端的 C 点,M 图封闭。

为了掌握画 Q 图和 M 图的简捷画法,图 8-2、图 8-3 给出了按步骤的分解图示。显然,实际作图时,无须分解图,而是直接作出,如图 8-4 所示。

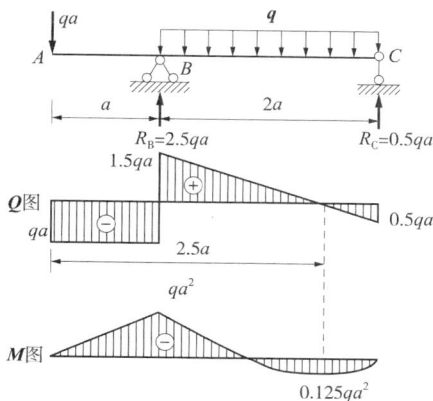

图 8-4

4.运用简捷作图法作图 8-5a)所示外伸梁的内力图。

解:(1)计算支座反力。

$$R_A=8kN(\uparrow) \qquad R_C=20kN(\uparrow)$$

根据梁上的荷载作用情况,应将梁分为 AB、BC 和 CD 三段作内力图。

(2)作 Q 图。

AB 段:梁上无荷载,Q 图为一条水平线,根据 $Q_A^右=R_A=8kN(\uparrow)$,从 A 点向上 8kN,然后作水平线至 B 点;即可画出此 Q 图。在 B 截面处有集中力 $P(\downarrow)$,作 Q 图由 +8kN 向下突变到 $-12kN$(突变值为 12kN+8kN=20kN=P)。

BC 段:梁上无荷载,Q 图为一条水平线,根据 $Q_C^右=R_A-P=8-20=-12kN(\downarrow)$,可画出该段水平线。在 C 截面处有集中力 $R_C=20kN(\uparrow)$,作 Q 图由 $-12kN$ 向上突变到 +8kN(突变值为 12kN+8kN=20kN=R_C)。

CD 段:梁上荷载 $q<0$,Q 图为下斜直线,根据 $Q_C^右=R_A-P+R_C=8-20+20=8(kN)(\uparrow)$ 及 $Q_D=0$ 可画出该斜直线。

全梁 Q 图如图 8-5b)所示。

(3)作 M 图。

AB 段:$q=0$,$Q=$常数>0,M 图为一条下斜直线。根据 $M_A=0$ 及 $M_B=R_A\times2=8\times2=16(kN\cdot m)$ 作出。

BC 段:$q=0$,$Q=$常数<0,M 图为一条上斜直线。根据 $M_B=16kN\cdot m$ 和 $M_C=R_A\times4-P\times2=-8kN\cdot m$ 作出。

CD 段:$q=$ 常数 <0,M 图为一条下凸抛物线。由 $M_C=-8kN\cdot m$ 和 $M_D=0$,可作出大致形状。全梁的 M 图如图 8-5c)所示。

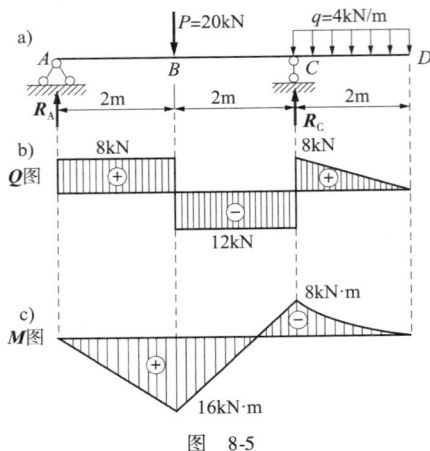

图 8-5

四、练习题

1. 判断题

( )8-1 分别由两侧计算同一截面上的 Q、M 时,会出现不同的结果。

( )8-2 静定梁的内力只与荷载有关,而与梁的材料、截面形状和尺寸无关。

( )8-3 剪力和弯矩的符号与坐标的选择有关。

( )8-4 梁的变形与梁的抗弯刚度 EI 成反比。

( )8-5 绘制弯矩图时,正弯矩始终绘于杆件受拉一侧。

( )8-6 梁上所受的荷载越分散,最大弯矩就越小。

( )8-7 梁弯曲时最大弯矩一定发生在剪力为零的横截面上。

( )8-8 若某段梁内的弯矩为零,则该段梁内的剪力也为零。

( )8-9 集中力偶作用处,弯矩图不发生突变。

( )8-10 变截面梁也能用微分关系绘制内力图。

( )8-11 叠加法是力学中的一种重要的方法,它是指荷载独立引起的某参数的代数和。

( )8-12 对称梁在对称荷载作用下,其 Q 图反对称,M 图对称。

( )8-13 截面形状及尺寸完全相同的一根木梁和一根刚梁,若所受外力相同,则这两根梁的内力图也相同。

2. 填空题

8-14 当梁受力弯曲后,某横截面上只有弯矩无剪力,这种弯曲称为_____。

8-15 梁弯曲时,横截面上离中性轴较远的点,其正应力较_____;离中性轴较近的点,其正应力较_____。

8-16 梁上任意截面上的剪力在数值上等于_____的代数和。

8-17 梁内力中弯矩的符号规定是_____。

8-18 剪力 Q、弯矩 M 与荷载 q 三者之间的微分关系是_____、_____。

8-19　梁上没有均布荷载作用的部分,剪力图为＿＿＿＿＿线,弯矩图为＿＿＿＿线。

8-20　梁上有均布荷载作用的部分,剪力图为＿＿＿＿线,弯矩图为＿＿＿＿线。

8-21　梁上集中力作用处,剪力图有＿＿＿＿＿,弯矩图上在此处出现＿＿＿＿＿。

8-22　梁上集中力偶作用处,剪力图有＿＿＿＿＿,弯矩图上在此处出现＿＿＿＿＿。

3. 选择题

8-23　用一截面将梁截为左、右两段,在同一截面上的剪力、弯矩数值是相等的,按静力学作用与反作用公理,其符号是相反的,而按变形规定,则剪力、弯矩的符号(　　)。

  A. 仍是相反的　　　　　　　　　B. 剪力相反,弯矩一致

  C. 总是一致　　　　　　　　　　D. 剪力一致,弯矩相反

8-24　在梁的集中力作用处,其左、右两侧无限接近的横截面上的弯矩(　　)。

  A. 相同　　　　　　　　　　　　B. 数值相等,符号相反

  C. 不相同　　　　　　　　　　　D. 符号一致,数值不相等

8-25　列出梁$ABCDE$(图8-6)各梁段的剪力方程和弯矩方程,其分段要求应是分为(　　)。

  A. AC 和 CE 段

  B. AC、CD 和 DE 段

  C. AB、BD 和 DE 段

  D. AB、BC、CD 和 DE 段

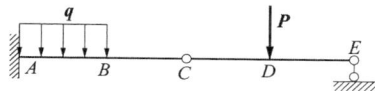

图 8-6

8-26　下列说法正确的是(　　)。

  A. 无荷载梁段剪力图为斜直线

  B. 均布荷载梁段剪力图为抛物线

  C. 集中力偶作用处弯矩图发生突变

  D. $Q = 0$ 处弯矩图产生极值

8-27　图8-7所示梁,剪力等于零的截面位置距 A 支座(　　)。

  A. 1.5m　　　　　B. 2m　　　　　C. 2.5m　　　　　D. 4m

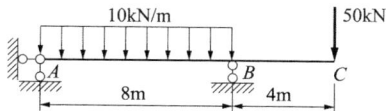

图 8-7

8-28　图8-8所示简支梁中点弯矩值为(　　)。

  A. 95kN·m　　　　B. 125kN·m　　　　C. 145kN·m　　　　D. 165kN·m

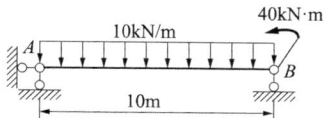

图 8-8

8-29　多跨静定梁受力如图8-9所示,下列结论正确的是(　　)。

  A. a 值越大,则 M_A 越大　　　　B. a 值越大,则 M_A 越小

  C. a 值越大,则 R_A 越大　　　　D. a 值越大,则 R_A 越小

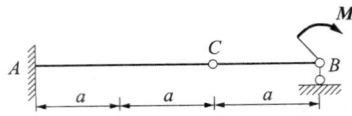

图 8-9

8-30 梁的受载情况对于中央截面为反对称，如图8-10所示。设 $F = qa/2$，Q_c 和 M_c 为
( )。

A. $Q_c \neq 0, M_c \neq 0$ B. $Q_c \neq 0, M_c = 0$

C. $Q_c = 0, M_c \neq 0$ D. $Q_c = 0, M_c = 0$

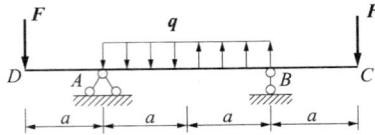

图 8-10

8-31 如图 8-11 所示悬臂梁 M_A 的大小为( )。

A. Fa B. $2qa^2$ C. $\dfrac{qa^2}{2}$ D. $Fa + 2qa^2$

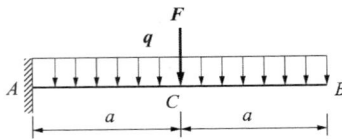

图 8-11

8-32 如图 8-12 所示梁 $|M_{max}|$ 为( )。

A. $150\text{kN}\cdot\text{m}$ B. $80\text{kN}\cdot\text{m}$ C. $120\text{kN}\cdot\text{m}$ D. $250\text{kN}\cdot\text{m}$

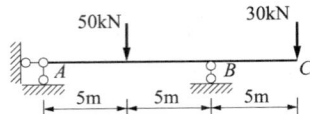

图 8-12

4. 计算题

8-33 用截面法计算图8-13指定截面上的弯矩和剪力。

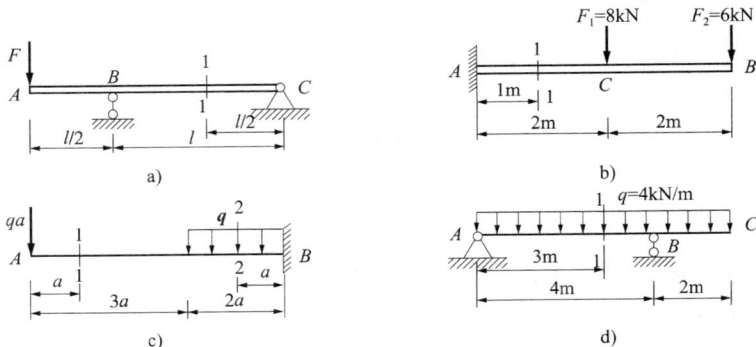

a)

b)

c)

d)

图 8-13

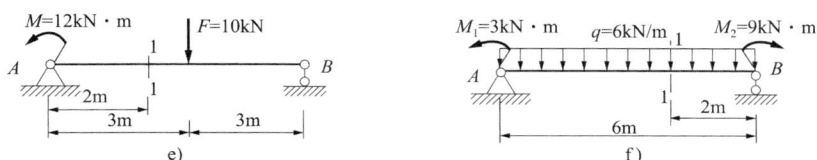

图 8-13

8-34 如图8-14所示小起重机在梁 AB 上行驶,起重机的位置 x 等于多少时,梁的弯矩值最大,并求最大值。

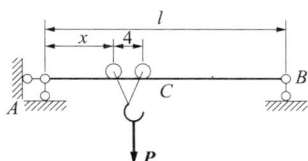

图 8-14

5. 作图题

8-35 求作图8-15所示各梁的弯矩图和剪力图。

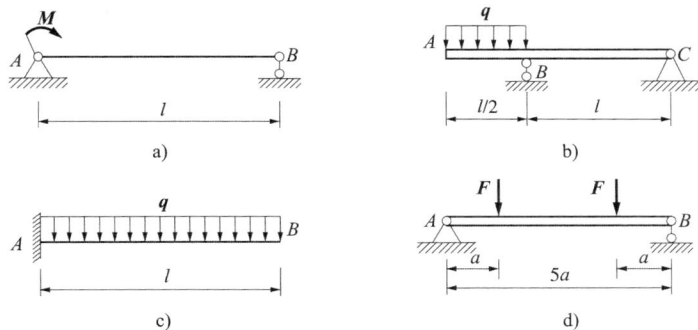

图 8-15

8-36 用简捷法作图8-16所示各梁的弯矩图和剪力图。

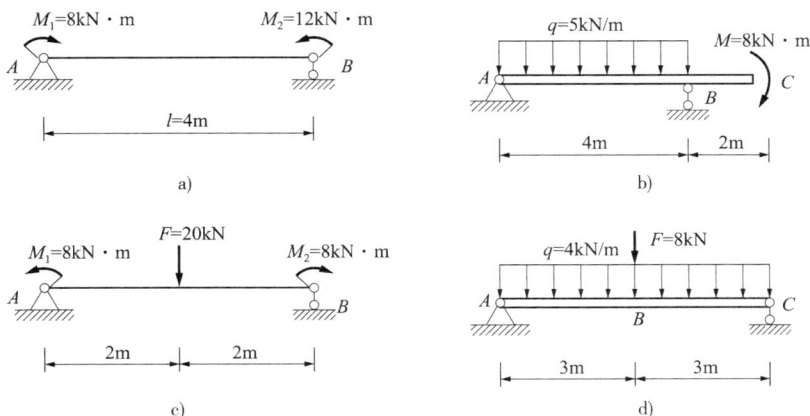

图 8-16

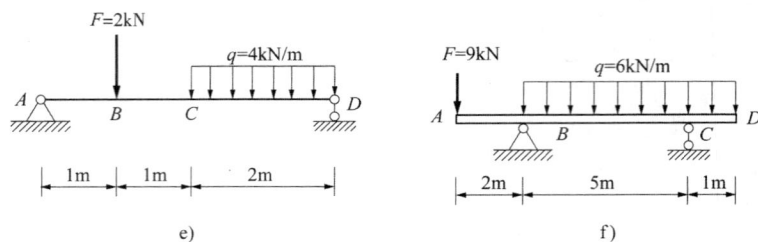

e)

f)

图　8-16

8-37　用叠加法作图 8-17 所示各梁的弯矩图和剪力图。

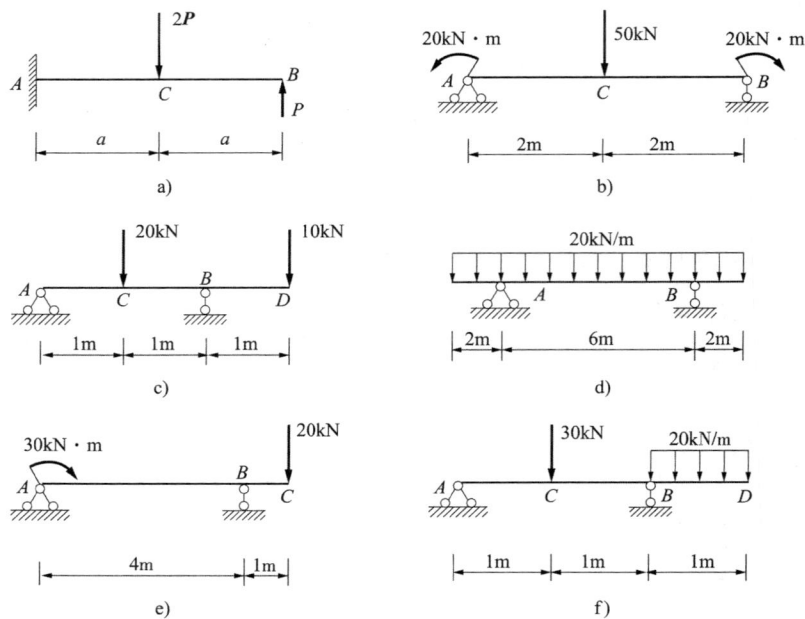

a)

b)

c)

d)

e)

f)

图　8-17

8-38　选择合适的方法画出图 8-18 中各梁的剪力图和弯矩图。

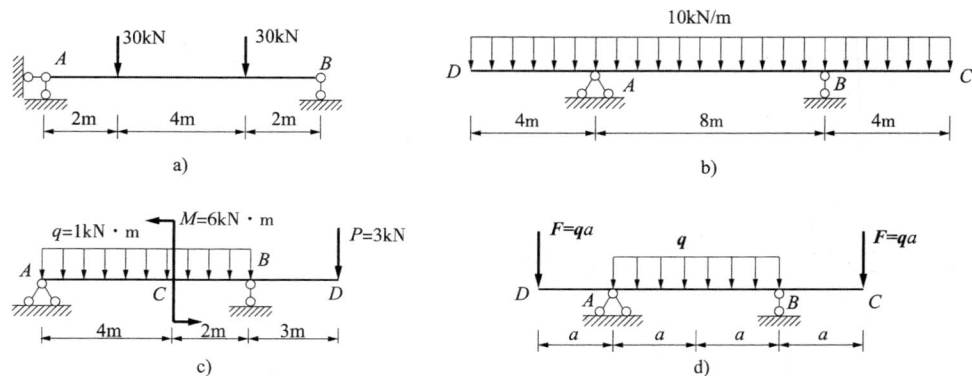

a)

b)

c)

d)

图　8-18

单元九
UNIT NINE
梁的弯曲应力与强度计算

一、学习要求

（1）能够解释平面弯曲时梁正应力计算公式中各符号的意义，并叙述梁横截面上的正应力及剪应力分布规律；

（2）会根据强度条件公式计算梁弯曲正应力强度；

（3）列举 2~3 个实例说明提高梁弯曲强度的措施；

（4）能够解释主应力、主平面与最大剪应力的概念，并阐述梁主应力迹线的概念及 4 种强度理论；

（5）以个人或小组为单位，完成任一实践学习任务中的全部学习任务，并撰写论文一篇。

二、请你参与

序号	项　目	内　容
1	抄写本单元标题	
2	自主学习形式	课前预习□　课后复习□　按时完成作业□　参加小组学习研讨□ 观看视频□　完成课外阅读□　完成实践学习任务□　线上学习□ 其他：_____
3	摘写本单元小结	列出主要概念、定理、公式：

序号	项　　目	内　　　　容
4	概述学习体会	概念:容易理解□　课内学懂□　课后复习后理解□　理解困难□ 计算:容易掌握□　课外通过学习互助后能够掌握□　非常困难□ 作图:已经掌握□　经辅导和研讨后掌握□　不会作图□ 进度:进度太快□　进度适中□　进度较慢□ 其他:对专业、行业认知有提高□　学习兴趣增加□ 　　　科学素养有提高□　了解职业精神□　团队合作能力提高□ 　　　表达能力提高□　获取有效信息能力提高□ 　　　其他:＿＿＿＿＿＿＿＿＿＿＿＿＿＿＿＿＿＿＿＿＿＿＿＿
5	提出疑难问题	最难理解的概念: 不会计算的习题(写出题号): 难以掌握的作图题(写出题号): 需要提供的学习指导方式:教师线上辅导□　小组合作研讨□ 　　　　　　　　　　　　学长助教□　习题课□　实践学习任务□ 其他:＿＿＿＿＿＿＿＿＿＿＿＿＿＿＿＿＿＿＿＿＿＿＿＿＿＿＿
6	作出自我评价	本单元学习效果:优秀□　良好□　合格□　有待提高□
请你在学习开始之际填写第1、2项,学完本单元之后填写第3~6项,选项中可勾选多个		

三、问题解析

1. 梁的材料为铸铁,已知 $[\sigma_l] = 40\text{MPa}$,$[\sigma_y] = 120\text{MPa}$,截面对中性轴的惯性矩 $I_z = 10^3\text{cm}^4$,其受力如图 9-1a)所示,试校核其正应力强度。

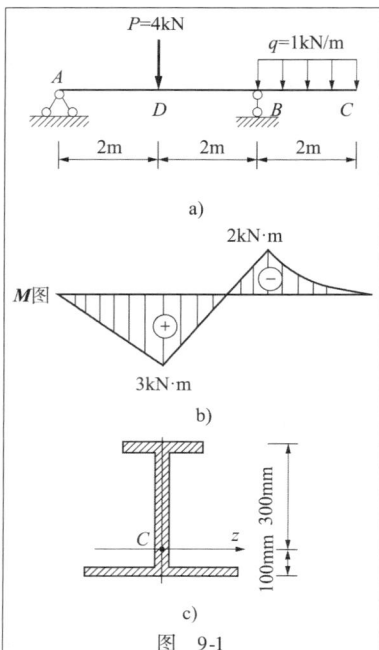

图 9-1

解:(1)求支座反力。

$$\sum M_B = 0 \qquad R_A = 1.5\text{kN}(\uparrow)$$

$$\sum M_A = 0 \qquad R_B = 4.5\text{kN}(\uparrow)$$

(2)绘出弯矩图,如图 9-1b)所示。

最大正弯矩在 D 截面上,$M_D = 3\text{kN·m}$;

最大负弯矩在 B 截面上,$M_B = -2\text{kN·m}$。

(3)计算最大正应力。

在 D 截面上,最大拉应力发生于截面下边缘各点处:

$$\sigma_l = \frac{M_D \times 100}{I_z} = \frac{3 \times 10^6 \times 100}{10^3 \times 10^4} = 30(\text{MPa}) < [\sigma_l]$$

最大压应力发生于截面上边缘各点处:

$$\sigma_y = \frac{M_D \times 300}{I_z} = \frac{3 \times 10^6 \times 300}{10^3 \times 10^4} = 90(\text{MPa}) < [\sigma_y]$$

在 B 截面上,最大拉应力发生于截面上边缘各点处:

$$\sigma_l = \frac{M_D \times 300}{I_z} = \frac{2 \times 10^6 \times 300}{10^3 \times 10^4} = 60(\text{MPa}) < [\sigma_l]$$

由以上分析可知,此梁在 B 截面上,由于上边缘的最大拉应力 $\sigma_l = 60\text{MPa} > [\sigma_l]$,因此,梁的正应力强度不够。

2. 桥式起重机大梁 AB 是 36a 工字钢,原设计的最大负荷(包括电葫芦重)$P = 40\text{kN}$。今在工字钢梁中部的上下两面各加一块材料,是与工字钢相同的钢板,截面尺寸为 $100\text{mm} \times 16\text{mm}$。荷载增大为 62kN,如图 9-2 所示。试校核梁的正应力强度,并确定钢板的最小长度 c(不计梁自重,确定长度 c 时,应让荷载位于 D 或 E 处)。

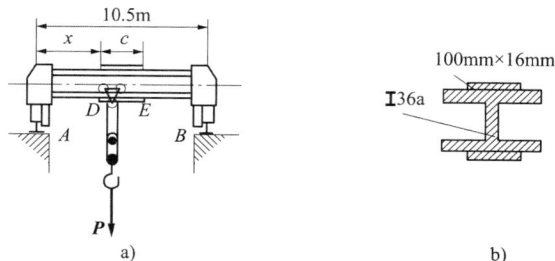

图 9-2

解:(1)计算大梁容许应力 $[\sigma]$ 的大小。

荷载 P 位于梁中点时,弯矩最大,其值为

$$M_{max} = \frac{Pl}{4}$$

由《工程力学》(第 6 版)附录一型钢表查得 36a 工字钢的惯性矩和抗弯截面模量分别为

$$I_z = 15\,760\text{cm}^4 \qquad W_z = 875\text{cm}^3$$

运用梁的正应力强度条件

$$\sigma_{max} = \frac{M_{max}}{W_z} = \frac{\frac{1}{4}Pl}{W_z} = \frac{40 \times 10^3 \times 10.5 \times 10^3}{4 \times 875 \times 10^3} = 120(\text{MPa})$$

据 $\sigma_{max} \leqslant [\sigma]$,故 $[\sigma] = 120\text{MPa}$。

(2)校核梁加固后的强度。

$$I_z' = 15\,760 + 2\left(\frac{10 \times 1.6^3}{12} + 1.6 \times 10 \times 18.8^2\right) = 27\,080(\text{cm}^4)$$

加固后

$$W_z' = \frac{I_z'}{y_{max}} = \frac{27\,080}{19.6} = 1\,382(\text{cm}^3)$$

则有

$$\sigma_{max} = \frac{M_{max}}{W_z'} = \frac{\frac{1}{4}P'l}{W_z'} = \frac{62 \times 10^3 \times 10.5 \times 10^3}{4 \times 1\,382 \times 10^3} = 118(\text{MPa})$$

因为 $\sigma_{max} = 118\text{MPa} < [\sigma] = 120\text{MPa}$,故梁的强度足够。

(3)确定钢板的最小长度 c。

未加固部分的危险截面为 D 或 E,当荷载 P' 位于 D 点或 E 点时,其弯矩最大。

$$M_{\max} = \frac{P'(l-x)}{l}x$$

由弯曲正应力强度条件为

$$\sigma_{\max} = \frac{M_{\max}}{W_z} = \frac{P'(l-x)x}{lW_z} = \frac{62 \times 10^3 \times (l-x)x}{l \times 875 \times 10^3} \leqslant [\sigma] = 120\text{MPa}$$

解得

$$x \leqslant 8.28\text{m} \quad \text{或} \quad x \leqslant 2.123\text{m}$$

显然 $x = 8.28\text{m}$ 不合理,应取

$$x = 2.123\text{m}$$

所以钢板的最小长度为

$$c = l - 2x = 10.5 - 2 \times 2.123 = 6.25(\text{m})$$

此题也可列方程 $\dfrac{P'(l-x)x}{l} = \dfrac{Pl}{4}$ 求解 x。

3. 丁字尺的截面为矩形。设 $\dfrac{h}{b} = 12$,由经验可知,当沿 h 边方向加力[图9-3a)]时,丁字尺容易折断,若沿垂直于 b 边方向加力[图9-3b)]则不然,为什么?

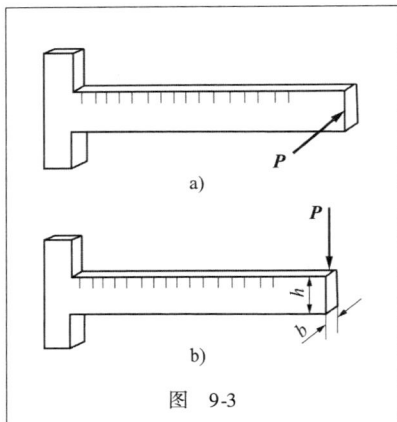
图 9-3

解:在其他情况相同的条件下,梁的强度取决于横截面对中性轴的抗弯截面模量 W_z。由于中性轴垂直于荷载作用面,因此

图9-3a)情况,其 W_1 为

$$W_1 = \frac{hb^2}{6}$$

图9-3b)情况,其 W_2 为

$$W_2 = \frac{bh^2}{6}$$

因 $h > b$,故 $W_1 < W_2$,根据 $\sigma_{\max} = \dfrac{M}{W}$ 可知,如图9-3a)方向加力时,丁字尺容易变形或折断。

4. 矩形截面松木梁两端搁在墙上,承受由梁板传来的荷载作用,如图9-4所示。已知梁的间距 $a = 1.2\text{m}$,两墙的间距为 $l = 5\text{m}$,楼板承受均布荷载(属于面分布荷载),其楼板台面的荷载集度为 $p = 3\text{kN/m}^2$,松木的弯曲容许应力 $[\sigma] = 10\text{MPa}$,剪切容许应力 $[\tau] = 5\text{MPa}$。试选择梁的截面尺寸,设 $\dfrac{h}{b} = 1.5$。

解:(1)梁计算简图如图9-4所示。

(2)楼板荷载的线分布集度为

$$q = \frac{pal}{l} = pa = 3 \times 1.2 = 3.6(\text{kN/m})$$

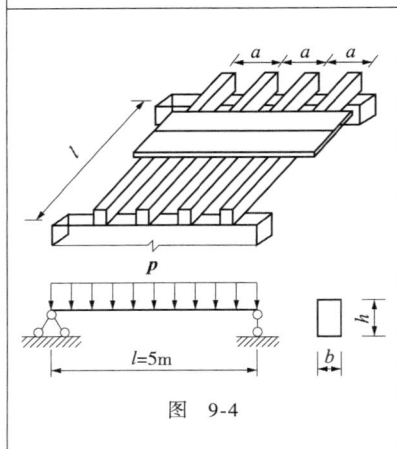
图 9-4

（3）最大弯矩在跨中截面，即

$$M_{max} = \frac{1}{8}ql^2 = \frac{1}{8} \times 3.6 \times 5^2 = 11.25(kN \cdot m)$$

（4）按正应力强度条件选择截面尺寸

$$h = 1.5b, W_z = \frac{bh^2}{6} = \frac{b \times (1.5b)^2}{6} = 0.375b^3$$

$$\sigma_{max} = \frac{M_{max}}{W_z} = \frac{M_{max}}{0.375b^3} \leqslant [\sigma]$$

$$b \geqslant \sqrt[3]{\frac{M_{max}}{0.375[\sigma]}} = \sqrt[3]{\frac{11.25 \times 10^6}{0.375 \times 10}} = 144(mm)$$

取 $b = 150mm$，则 $h = 1.5b = 225mm$。

（5）因该梁为木梁，必须校核剪应力强度。在邻近支座的截面上有

$$Q_{max} = \frac{1}{2}ql = \frac{1}{2} \times 3.6 \times 5 = 9(kN)$$

矩形截面梁的最大剪应力为

$$\tau_{max} = \frac{3}{2}\frac{Q_{max}}{A} = \frac{3 \times 9 \times 10^3}{2 \times 150 \times 225} = 0.4(MPa) < [\tau]$$

剪切强度足够，故选定 $b = 150mm, h = 225mm$。

四、练习题

1. 判断题

（   ）9-1 等截面直梁在纯弯曲时，横截面保持为平面，但其形状和尺寸略有变化。

（   ）9-2 梁产生纯弯曲变形后，其轴线即变成了一段圆弧线。

（   ）9-3 梁产生平面弯曲变形后，其轴线不会保持原长度不变。

（   ）9-4 梁弯曲时，梁内有一层既不受拉又不受压的纵向纤维就是中性层。

（   ）9-5 中性层是梁平面弯曲时纤维缩短区和纤维伸长区的分界面。

（   ）9-6 因梁产生的平面弯曲变形对称于纵向对称面，故中性层垂直于纵向对称面。

（   ）9-7 以弯曲为主要变形的杆件，只要外力均作用在通过轴线的纵向平面内，杆件就有可能发生平面弯曲。

（   ）9-8 一正方形截面的梁，当外力作用在通过梁轴线的任一方位纵向平面内时，梁都将发生平面弯曲。

（   ）9-9 梁弯曲时，其横截面要绕中性轴旋转，而不会绕横截面的边缘旋转。

（   ）9-10 梁弯曲时，可以认为横截面上只有拉应力，并且均匀分布，其合成的结果将与截面边缘的一集中力组成力偶，此力偶的内力偶矩即为弯矩。

（   ）9-11 中性轴上的弯曲正应力总是为零。

（   ）9-12 当荷载相同时，材料相同、截面形状和尺寸相同的两梁，其横截面上的正应

力分布规律也相同。

（　　）9-13 梁的横截面上作用有负弯矩,其中性轴上侧各点作用的是拉应力,下侧各点作用的是压应力。

（　　）9-14 一点的应力状态是通过所谓的单元体来研究的。

（　　）9-15 深海中放一立方体钢块,钢块表面受到静水压力的作用,此钢块处于单向应力状态。

2. 填空题

9-16 梁在纯弯曲时,其横截面仍保持为平面,且与变形后的梁轴线相_____;各横截面上的剪力等于_____,而弯矩为常量。

9-17 梁在发生弯曲变形的同时伴有剪切变形,这种平面弯曲称为_____弯曲。

9-18 梁在弯曲时的中性轴,就是梁的_____与横截面的交线,它必然通过其横截面上的_____那一点。

9-19 梁弯曲时,其横截面的_____按直线规律变化,中性轴上各点的正应力等于_____,而距中性轴越_____（远或者近）正应力越大。

9-20 工程当中的悬臂梁,材料为钢筋混凝土（此材料钢筋主要用来抗拉,混凝土用来抗压）,一般情况下钢筋布置在梁的_____侧。

9-21 EI_z 称为梁的_____,它表示梁的_____能力。

9-22 如果选择工程常用的型钢用作梁结构,一般选择_____截面的型钢。

9-23 $W_z = I_z/y_{max}$ 称为_____,它反映了_____和_____对弯曲强度的影响,W_z 的值越大,梁中的最大正应力就越_____。

9-24 矩形截面梁的截面上下边缘处的剪应力为_____,其_____上的剪应力最大。

9-25 表示构件内一点的应力状态时,首先是围绕该点截取一个边长趋于零的_____作为分离体,然后给出此分离体各个面上的应力。

9-26 通常将应力状态分为三类,其中一类,如拉伸或压缩杆件及纯弯曲梁内（中性层除外）各点就属于_____应力状态。

3. 选择题

9-27 工程实际中产生弯曲变形的杆件,如火车机车轮轴、房屋建筑的楼板主梁,在得到计算简图时,需将其支承方式简化为（　　）。

A. 简支梁　　　　　　　　　　B. 轮轴为外伸梁,楼板主梁为简支梁
C. 外伸梁　　　　　　　　　　D. 轮轴为简支梁,楼板主梁为外伸梁

9-28 对于工程当中的预制板结构（图9-5）,板中间可以是空心的,用我们现在所学的弯曲变形的知识来解释的话,还可以这样来解释:横截面上离中性轴越近的点（　　）就越（　　）,这样就不需要那么多材料来抵抗,所以可以是空心的,这样做还有其他好处,如节约材料、减轻自重。

A. 正应力,小　　　　　　　　B. 正应力,大
C. 剪应力,小　　　　　　　　D. 剪应力,大

图 9-5

9-29 拟用图9-6a)、b)两种方式搁置,则两种情况下的最大应力之比 $(\sigma_{max})_a / (\sigma_{max})_b$ 为( )。

A. 1/4 B. 1/16 C. 1/64 D. 16

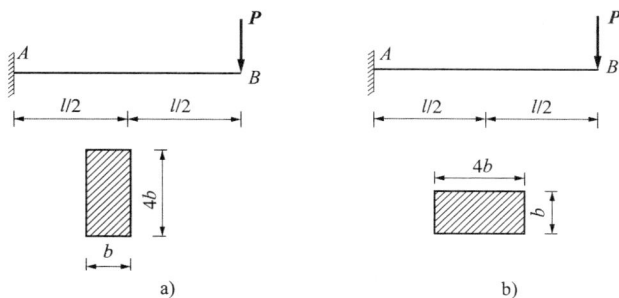

图 9-6

9-30 如图9-7所示,相同横截面面积,同一梁采用下列( )截面,其强度最高。

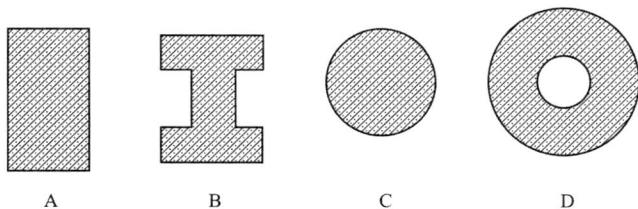

图 9-7

9-31 计算钢梁时,宜采用中性轴为( )的截面,设计铸铁梁时,宜采用中性轴为( )的截面。

　　A. 对称轴 　　　　　　　　　　　B. 偏于受拉边的非对称轴

　　C. 偏于受压边的非对称轴 　　　　D. 对称或非对称轴

9-32 在横向力作用下发生平面弯曲时,横截面上最大正应力点和最大剪应力点的应力情况是( )。

　　A. 最大正应力点的剪应力一定为零,最大剪应力点的正应力不一定为零

　　B. 最大正应力点的剪应力一定为零,最大剪应力点的正应力也一定为零

　　C. 最大剪应力点的正应力一定为零,最大正应力点的剪应力不一定为零

　　D. 最大正应力点的剪应力和最大剪应力点的正应力都不一定为零

9-33 下列关于弯曲变形说法不正确的是( )。

A. 适当调整支座位置,可以减小最大弯矩

B. 静定梁的内力只与荷载有关,而与梁的材料、截面形状和尺寸无关

C. 梁弯曲时的最大弯矩一定发生在剪力为零的截面上

D. 中性轴上的弯曲正应力总是为零

9-34 关于强度理论下列结论正确的是(   )。

A. 第1、2强度理论主要用于塑性材料

B. 第3、4强度理论主要用于脆性材料

C. 第4强度理论主要用于塑性材料的任何应力状态

D. 第3、4强度理论主要用于塑性材料

9-35 纯弯曲变形后,其横截面始终保持为平面,且垂直于变形后的梁轴线,横截面只是绕(   )转过了一个微小的角度。

A. 梁的轴线   B. 梁轴线的曲线率中心

C. 中性轴   D. 横截面自身的轮廓线

9-36 在纯弯曲时,其横截面的正应力变化规律与纵向纤维应变的变化规律是(   )的。

A. 相同   B. 相反

C. 相似   D. 完全无联系

9-37 在平面弯曲时,其中性轴与梁的纵向对称面是相互(   )的。

A. 平行   B. 垂直

C. 成任意夹角

9-38 弯曲时,横截面上离中性轴距离相同的各点处正应力是(   )的。

A. 相同   B. 随截面形状的不同而不同

C. 不相同   D. 有的地方相同,而有的地方不相同

4. 计算题

9-39 矩形外伸梁如图9-8所示。试求:(1)梁的最大弯矩截面中 A 点的弯曲正应力;(2)该截面的最大弯曲正应力。

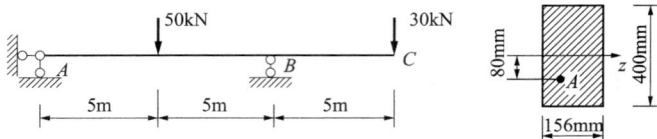

图 9-8

9-40 已知:矩形外伸梁如图9-9所示。试求:梁的最大弯矩截面的最大弯曲正应力。

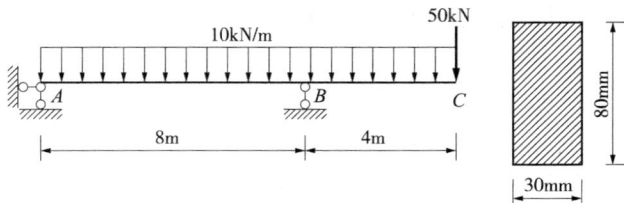

图 9-9

9-41 某 20a 工字型钢梁在跨中作用集中力 F，已知 $l=6\mathrm{m}$，$F=20\mathrm{kN}$，如图 9-10 所示，求梁中的最大正应力。

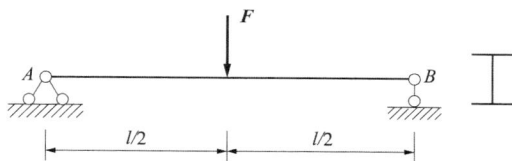

图 9-10

9-42 T 形截面外伸梁上作用有均布荷载，梁的截面尺寸如图 9-11 所示，已知 $l=1.5\mathrm{m}$，$q=8\mathrm{kN/m}$，求梁的最大拉应力和压应力。

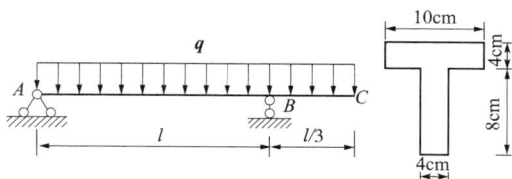

图 9-11

9-43 已知：矩形外伸梁如图 9-12 所示，材料的容许拉应力、容许压应力均为 $[\sigma]=30\mathrm{MPa}$。

试求：(1) 梁的最大正应力；(2) 校核梁的正应力强度。

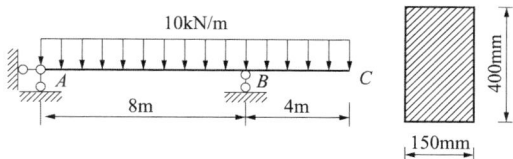

图 9-12

9-44 图 9-13a) 所示为 20b 工字钢制成的外梁，已知 $L=6\mathrm{m}$，$P=30\mathrm{kN}$，$q=6\mathrm{kN/m}$，$[\sigma]=160\mathrm{MPa}$。梁的弯矩图如图 9-13b) 所示，试校核梁的强度。（提示：20b 工字钢 $I_z=2\,500\mathrm{cm}^4$）

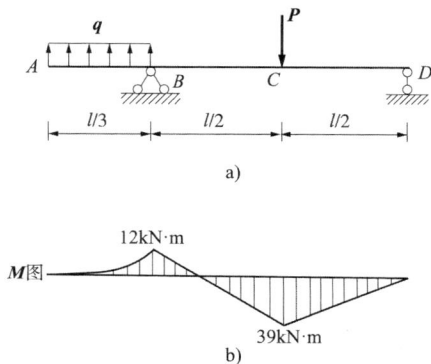

a)

b)

图 9-13

9-45 圆形截面木梁承受图 9-14 所示的荷载作用,已知 $l = 3\text{m}$, $F = 3\text{kN}$, $q = 3\text{kN/m}$, 弯曲时木材的容许应力 $[\sigma] = 10\text{MPa}$, 试选择梁的直径 d。

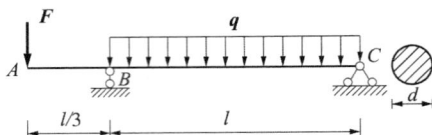

图 9-14

9-46 矩形截面外伸梁如图 9-15 所示,材料的容许拉应力、容许压应力均为 $[\sigma] = 50\text{MPa}$。试根据弯曲强度确定梁的截面尺寸 b、h。$\left(\text{要求：}\dfrac{b}{h} = \dfrac{1}{3}\right)$

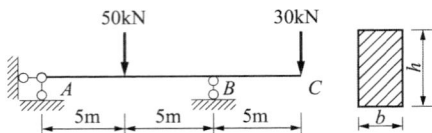

图 9-15

9-47 图 9-16 所示结构,AB 梁与 CD 梁用的材料相同,二梁的高度与宽度分别为 h、b 和 h_1、b。已知 $l = 3.6\text{m}$, $a = 1.3\text{m}$, $h = 150\text{mm}$, $h_1 = 100\text{mm}$, $b = 100\text{mm}$, $[\sigma] = 10\text{MPa}$。试求结构的容许荷载 $[P]$。

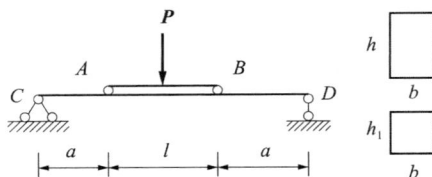

图 9-16

9-48 由两根 16a 号槽钢组成的外伸梁,梁上作用荷载如图 9-17 所示,已知 $l = 6\text{m}$,钢材的容许应力 $[\sigma] = 170\text{MPa}$,求梁所能承受的最大荷载 $F_{\max}$。

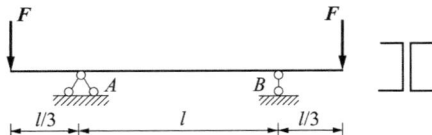

图 9-17

9-49 简支工字型钢梁,型号为 28a,承受图 9-18 所示荷载作用,已知 $l = 6\text{m}$, $F_1 = 60\text{kN}$, $F_2 = 40\text{kN}$, $q = 8\text{kN/m}$,钢材容许应力 $[\sigma] = 170\text{MPa}$, $[\tau] = 100\text{MPa}$,试校核梁的强度。

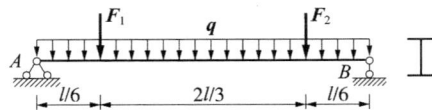

图 9-18

9-50 简支工字型钢梁承受图 9-19 所示荷载作用,已知 $l=6\mathrm{m}$,$F=20\mathrm{kN}$,$q=6\mathrm{kN/m}$,钢材容许应力 $[\sigma]=170\mathrm{MPa}$,$[\tau]=100\mathrm{MPa}$,试选择工字钢的型号。

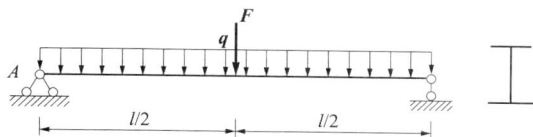

图 9-19

9-51 如图 9-20 所示,两个矩形截面的简支木梁,其跨度、荷载及截面面积都相同,一个是整体,另一个是由两根方木叠置而成(两方木间不加任何联系)。问此二梁中横截面上正应力沿截面高度的分布规律有何不同?二梁中的最大正应力各是多少?

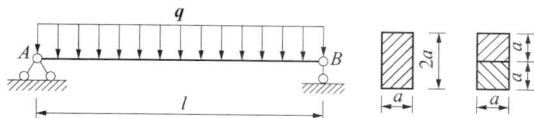

图 9-20

9-52 如图 9-21 所示,欲从直径为 d 的圆木中截取一矩形截面梁,试从强度角度求出矩形截面最合理的高宽尺寸。

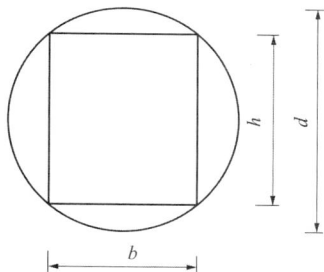

图 9-21

9-53 求图 9-10 中梁横截面上的最大剪应力。

9-54 求图 9-11 中梁横截面上的最大剪应力。

9-55 某车间有一台 150kN 的起重机和一台 200kN 的起重机,借用一辅助梁共同起吊重量为 $P=300\mathrm{kN}$ 的设备,如图 9-22 所示。(1)设备与 150kN 起重机的距离 x 应在什么范围内,才能保证两台起重机都不致超载;(2)若用工字钢作辅助梁,试选择工字钢的型号。已知容许应力 $[\sigma]=160\mathrm{MPa}$。

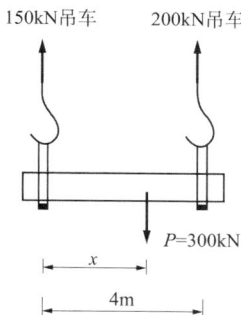

图 9-22

单元十
UNIT TEN

梁的变形与刚度计算

一、学习要求

(1)举例说明梁的挠度与转角的概念及它们之间的关系;

(2)能够解释梁的挠曲线近似微分方程的意义;

(3)能够用叠加法计算梁的挠度;

(4)具有运用刚度条件分析梁的刚度问题的思路;

(5)列举 1~2 个工程设计方法与施工措施说明提高梁弯曲刚度的途径与措施。

二、请你参与

序号	项　目	内　容
1	抄写本单元标题	
2	自主学习形式	课前预习□　课后复习□　按时完成作业□　参加小组学习研讨□ 观看视频□　完成课外阅读□　完成实践学习任务□　线上学习□ 其他:＿＿＿＿＿＿＿＿＿＿＿＿＿＿＿＿＿＿＿＿
3	摘写本单元小结	列出主要概念、定理、公式:

序号	项　目	内　　容
4	概述学习体会	概念:容易理解□　课内学懂□　课后复习后理解□　理解困难□ 计算:容易掌握□　课外通过学习互助后能够掌握□　非常困难□ 作图:已经掌握□　经辅导和研讨后掌握□　不会作图□ 进度:进度太快□　进度适中□　进度较慢□ 其他:对专业、行业认知有提高□　学习兴趣增加□ 　　　科学素养有提高□　了解职业精神□　团队合作能力提高□ 　　　表达能力提高□　获取有效信息能力提高□ 　　　其他:＿＿＿＿＿＿＿＿＿＿＿＿＿＿＿＿
5	提出疑难问题	最难理解的概念: 不会计算的习题(写出题号): 难以掌握的作图题(写出题号): 需要提供的学习指导方式:教师线上辅导□　小组合作研讨□ 　　　　　　　　　　　　学长助教□　习题课□　实践学习任务□ 　　　其他:＿＿＿＿＿＿＿＿＿＿＿＿＿＿＿＿
6	作出自我评价	本单元学习效果:优秀□　良好□　合格□　有待提高□
请你在学习开始之际填写第 1、2 项,学完本单元之后填写第 3~6 项,选项中可勾选多个	

三、问题解析

1. 叠加法求梁的变形时应有哪些计算要点?

解:小变形条件下和弹性范围内,梁的转角和挠度都与梁上的荷载呈线性关系。因此,可以用叠加法来计算梁的变形。

计算时按三个步骤来进行:

(1)分解。将梁上的复杂荷载分成几种简单荷载单独作用的情况。注意要能直接应用现成的变形计算图表。

(2)计算。分别计算每一种荷载单独作用时所引起的梁的挠度或转角。注意画出每一种荷载单独作用下的挠曲线大致形状,从而直接判断挠度或转角的正负号。

(3)叠加。将每一种荷载单独作用所产生的挠度和转角代数相加,就得到这些荷载共同作用下的挠度或转角。

2. 简支梁在半个跨度上作用的均布荷载 q,如图 10-1 所示,试求梁中点的挠度。

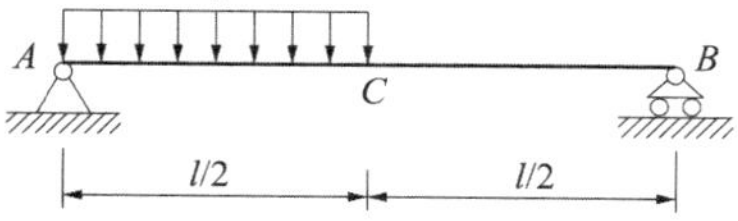

图　10-1

可以采用下面两种不同方法求解。

解一:利用简支梁受一个集中荷载作用的计算方法,查主教材《工程力学》(第 6 版)表 10-1

可知,当简支梁上作用集中荷载 P 时,梁中点的挠度为

$$y_C = \frac{Pb}{48EI}(3l^2 - 4b^2)$$

令梁在左半跨作用均布荷载,如图 10-1 所示,稍做变化即可得中点挠度。

$$y_C = \int_0^{l/2} \frac{q\mathrm{d}x}{48EI} x(3l^2 - 4x^2) = \frac{q}{48EI}\int_0^{l/2}(3l^2x - 4x^3)\mathrm{d}x = -\frac{5ql^4}{768EI}$$

解二:利用对称性求解。梁上半跨均布荷载可分解为正对称荷载和反对称荷载两种情况的叠加,见图 10-2。

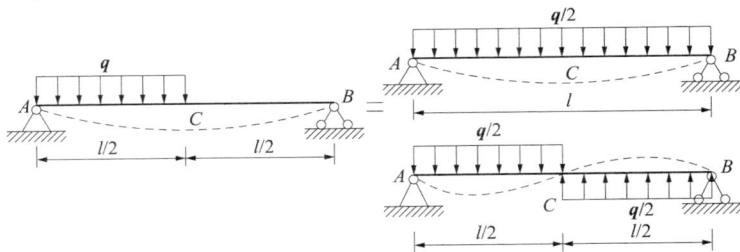

图 10-2

由图 10-2 可见,简支梁在反对称荷载 $q/2$ 的作用下,梁中点挠度为零。所以原题就相当于求梁在对称荷载 $q/2$ 作用下所引起的中点挠度,即

$$y_C = -\frac{5\left(\dfrac{q}{2}\right)l^4}{384EI} = -\frac{5ql^4}{768EI}$$

四、练习题

1. 判断题

(　　)10-1　梁的弯曲正应力较剪应力大得多,但通常计算梁的变形是不可略去剪应力引起的梁的变形的。

(　　)10-2　梁弯曲变形的最大挠度超过了许可挠度,梁就会破坏。

(　　)10-3　在梁的弯矩为最大的截面处,梁的挠度不一定是最大的。

(　　)10-4　弯矩是引起弯曲变形的主要因素,所以减小弯矩的数值,也就减小了梁的弯曲变形。

(　　)10-5　梁的弯曲变形与材料无关。

(　　)10-6　梁的变形与梁的抗弯刚度 EI 成反比。

(　　)10-7　材料在弹性范围内工作,梁的变形与荷载呈线性关系。

2. 填空题

10-8　直梁在平面弯曲的情况下,梁的截面形心产生了_____,称为_____;梁的截面绕_____转动了一个角度,称为_____。梁变形后的轴线由原来的直线变为一条_____,此曲线称为_____。

10-9　梁的挠曲线近似微分方程确立了梁的挠曲线近似微分方程的_____与弯矩、抗弯刚度之间的关系。

10-10　梁在平面弯曲变形时的转角,实际上是指梁的横截面绕其_____这条线所转动的角度,它近似地等于挠曲线方程 $y=f(x)$ 对 x 的_____。

10-11　梁弯曲时的两个基本变形量是_____和_____。其正负符号的规定为:按截面形心向_____移动,挠度为正;截面_____时针转动,转角为正。

10-12　当梁上同时作用有几种荷载时,梁任一截面产生的变形,对于各个荷载_____作用时该截面变形的_____,这种求梁变形的方法称为_____。

10-13　均布荷载作用下的简支梁,在梁长 l 变为原来的 1/2 时,其最大挠度将变为原来的_____。

10-14　一简支梁在中点处作用一力偶,则其中点的挠度值为_____。

10-15　提高梁的抗弯刚度,可以通过_____、_____和_____来实现。

10-16　工程上某梁,在不允许减小梁长的情况下,为了提高梁的刚度,可增加_____。

3. 选择题

10-17　弯曲变形时产生最大挠度的截面,其转角也是最大的,这种情况对于(　　)成立。

　　A. 任何梁都　　　　　　　　B. 任何梁都不

　　C. 等截面梁　　　　　　　　D. 只受一个集中力作用的悬臂梁

10-18　求梁变形的叠加原理是:梁在多个荷载共同作用下的变形,等于各个荷载单独作用下变形的(　　)。

　　A. 算术和　　　　　　　　　B. 几何和　　　　　　　　　C. 代数和

10-19　用叠加法求梁横截面的挠度、转角时,需要满足的条件是(　　)。

　　A. 材料必须符合胡克定律　　　　　　　B. 梁截面为等截面

　　C. 梁必须产生平面弯曲　　　　　　　　D. 梁是静定的

10-20　结构受力如图 10-3 所示。下列结论中正确的是(　　)。

A. $\theta_B = \dfrac{Pl^2}{2EI} + \dfrac{M_0 l}{EI}$; $y_B = \dfrac{Pl^3}{3EI} + \dfrac{M_0 l^2}{2EI}$

B. $\theta_B = \dfrac{Pl^2}{EI} + \dfrac{M_0 l}{2EI}$; $y_B = \dfrac{Pl^3}{2EI} + \dfrac{M_0 l^2}{3EI}$

C. $\theta_B = \dfrac{Pl}{2EI} + \dfrac{M_0 l^2}{EI}$; $y_B = \dfrac{Pl^2}{3EI} + \dfrac{M_0 l^3}{2EI}$

D. $\theta_B = \dfrac{Pl^2}{2EI} + \dfrac{M_0 l}{3EI}$; $y_B = \dfrac{Pl^3}{2EI} + \dfrac{M_0 l^2}{EI}$

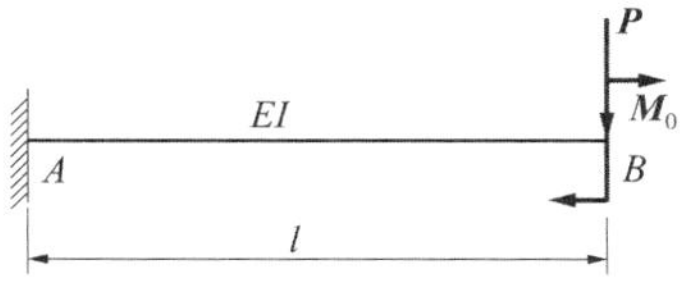

图　10-3

10-21 梁的抗弯刚度是(　　);圆轴的抗扭刚度是(　　);杆件的抗拉(压)刚度是(　　);梁的刚度条件是(　　)。

  A. EA 　　　　　　B. GI_P 　　　　　　C. EI_z 　　　　　　D. $y_{max} \leqslant [y]$

10-22 在实际工程中,对铸铁件进行人工时效处理时,可按照图10-4所示的方式堆放,从减小铸件弯曲变形的角度考虑,采用(　　)合理。

  A. 图a)、b)、c)三种方式堆放都　　　　B. 图a)所示方式堆放
  C. 图b)所示方式堆放　　　　　　　　　D. 图c)所示方式堆放

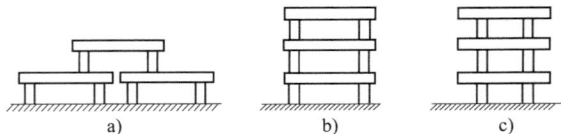

图 10-4

4.计算题

10-23 用叠加法求如图10-5所示各梁指定截面的挠度和转角。各梁 EI 为常数。

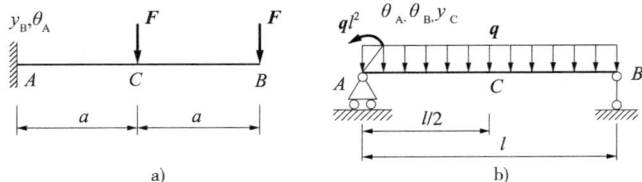

图 10-5

10-24 如图10-6所示外伸梁,试用叠加法求外伸端 C 及 AB 跨中点 D 的挠度。

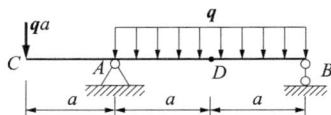

图 10-6

10-25 20a 工字钢简支梁如图10-7所示。已知$[f/l] = 1/600$,$E = 210\text{GPa}$,试计算梁所能承受的荷载 q 为多少?

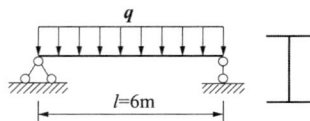

图 10-7

10-26 如图10-8所示为一齿轮轴的计算简图,其抗弯刚度为 EI。已知 P 与 M,试求截面 C 和 D 的挠度及轴承 B 处的转角。

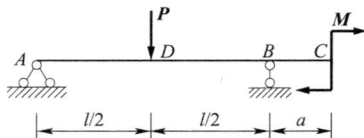

图 10-8

10-27 一简支梁用 20b 工字钢制成，$E=200\text{GPa}$，$[f/l]=1/400$，受力如图 10-9 所示，试校核梁的刚度。

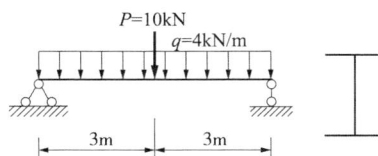

图 10-9

10-28 如图 10-10 所示工字钢简支梁，已知 $q=4\text{kN/m}$，$M=4\text{kN}\cdot\text{m}$，$l=6\text{m}$，$E=200\text{GPa}$，$[f/l]=1/400$，$[\sigma]=160\text{MPa}$，试选择工字钢型号。

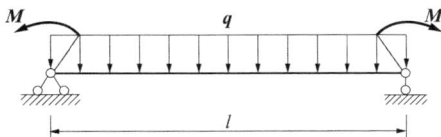

图 10-10

单元十一
UNIT ELEVEN
组合变形的分析方法与强度计算

一、学习要求

(1)举 1~2 个实例来描述工程实际中的组合变形问题及其计算方法；

(2)能够对斜弯曲梁进行应力分析和强度计算；

(3)能够对偏心压缩杆件进行应力分析和强度计算；

(4)会解释截面核心的概念。

二、请你参与

序号	项　目	内　容
1	抄写本单元标题	
2	自主学习形式	课前预习□　课后复习□　按时完成作业□　参加小组学习研讨□ 观看视频□　完成课外阅读□　完成实践学习任务□　线上学习□ 其他：＿＿＿＿＿＿＿＿＿＿＿＿＿＿＿＿＿＿＿＿＿＿＿＿
3	摘写本单元小结	列出主要概念、定理、公式：

续上表

序号	项　目	内　　容
4	概述学习体会	概念:容易理解□　课内学懂□　课后复习后理解□　理解困难□ 计算:容易掌握□　课外通过学习互助后能够掌握□　非常困难□ 作图:已经掌握□　经辅导和研讨后掌握□　不会作图□ 进度:进度太快□　进度适中□　进度较慢□ 其他:对专业、行业认知有提高□　学习兴趣增加□　学习兴趣增加□ 　　　科学素养有提高□　了解职业精神□　团队合作能力提高□ 　　　表达能力提高□　获取有效信息能力提高□ 　　　其他:
5	提出疑难问题	最难理解的概念: 不会计算的习题(写出题号): 难以掌握的作图题(写出题号): 需要提供的学习指导方式:教师线上辅导□　小组合作研讨□ 　　　　　　　　　　　　学长助教□　习题课□　实践学习任务□ 其他:
6	作出自我评价	本单元学习效果:优秀□　良好□　合格□　有待提高□
请你在学习开始之际填写第 1、2 项,学完本单元之后填写第 3～6 项,选项中可勾选多个		

三、问题解析

1.如图 11-1 所示,在正方形横截面短柱的中间开一槽,使横截面积减少为原截面积的一半。试问开槽后的最大正应力为不开槽时正应力的几倍?

解:(1)未开槽时 1-1 截面上的压应力为

$$\sigma = \frac{N}{A} = -\frac{P}{(2a)^2} = -\frac{P}{4a^2}$$

(2)开槽后 2-2 截面上的最大压应力为

$$\sigma_{max} = \frac{N}{A} + \frac{M_y}{W_y} = -\frac{P}{2a^2} - \frac{\dfrac{Pa}{2}}{\dfrac{2a \times a^2}{6}} = -\frac{2P}{a^2}$$

由应力分布规律知最大压应力发生在削弱后的截面的 AB 边上。

$$\frac{\sigma_{max}}{\sigma} = \frac{\dfrac{2P}{a^2}}{\dfrac{P}{4a^2}} = 8$$

即切槽后的最大正应力为不开槽时正应力的 8 倍。

计算此题时需注意,M_y 是对 y 轴的弯矩,它所产生的弯曲将使截面绕 y 轴转动,即 y 轴为中性轴,故抗弯截面模量应为 W_y。

2.挡土墙如图 11-2a)所示,材料的重度 $\gamma = 22 \mathrm{kN/m^3}$,试计算挡土墙没填土时其底截面 AB[图 11-2b)]上的正应力。(提示:计算时挡土墙长度取 1m)

解:挡土墙受自重力作用,为了便于计算,将挡土墙按图 11-2c)中画的虚线分成两部分,这两部分的自重力分别为 G_1、G_2。

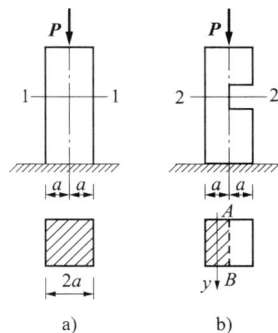

图 11-1

$$G_1 = \gamma \cdot V_1 = 22 \times 1.2 \times 6 \times 1 = 158.4(\text{kN})$$

$$G_2 = \gamma \cdot V_2 = 22 \times \frac{1}{2}(3 - 1.2) \times 6 \times 1 = 118.8(\text{kN})$$

(1)内力计算。

挡土墙基底处的内力为

$$N = -(G_1 + G_2) = -(158.4 + 118.8) = -277.2(\text{kN})$$

$$M_z = G_1\left(\frac{3}{2} - \frac{1.2}{2}\right) - G_2\left[\frac{3}{2} - (3 - 1.2)\frac{2}{3}\right] = 158.4 \times 0.9 - 118.8 \times 0.3 = 106.92(\text{kN·m})$$

(2)计算应力,画应力分布图。

基底截面面积

$$A = 3 \times 1 = 3(\text{m}^2)$$

抗弯截面系数

$$W_z = \frac{1 \times 3^2}{6} = 1.5(\text{m}^3)$$

则基底截面上 A 点、B 点处的应力为

$$\sigma_B^A = \frac{N}{A} \pm \frac{M_z}{W_z} = \frac{-277.2 \times 10^3}{3 \times 10^6} \pm \frac{106.9 \times 10^6}{1.5 \times 10^9} = \frac{-0.021\,1}{-0.163\,7}(\text{MPa})$$

基底截面的正应力分布图如图 11-2d)所示。

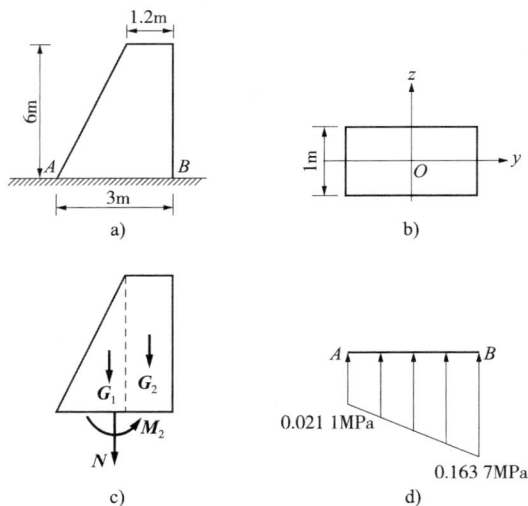

图 11-2

四、练习题

1. 判断题

(　　)11-1　在工程中,杆件受外力作用后若同时产生两种或两种以上基本变形,称之为组合变形。

(　　)11-2　当外力的作用线通过截面形心时,梁只发生平面弯曲。

(　　)11-3　当外力不通过弯曲中心时,梁发生斜弯曲,还发生扭转变形。

（　　）11-4　截面核心与外力无关。

（　　）11-5　工程中将偏心压力控制在受压杆件的截面核心范围内,是为了使其截面上只有拉应力,而无压应力。

（　　）11-6　常见截面的截面核心中,矩形截面的偏心距为 $e_1 = \pm \dfrac{h}{6}, e_2 = \pm \dfrac{b}{6}$。

2. 填空题

11-7　解决组合变形强度问题的基本原理是_____。

11-8　试判断图 11-3 中 A、B、C 杆是何种变形:

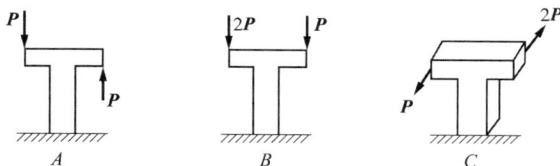

图　11-3

A _____;B _____;C _____

11-9　试判断图 11-4 所示圆截面杆的危险截面和危险点的位置。

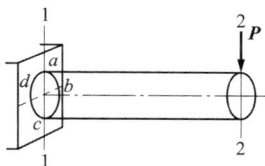

图　11-4

①危险截面(　　);②危险点(　　)

11-10　对于偏心压缩的杆件,当其所受的外力作用在截面形心附近的某一区域内时,杆件整个横截面上只有压应力而无拉应力,则截面上的这个区域称为_____。

3. 选择题

11-11　直杆受轴向压缩时,杆端压力的作用线必通过(　　)。

　　　　A. 杆件横截面的形心　　　　　　　　B. 杆件横截面的弯曲中心

　　　　C. 杆件横截面的主惯性轴　　　　　　D. 杆件横截面的中性轴

11-12　当折杆 $ABCD$ 的右端只受到力 P_x 的作用时(图 11-5),则此折杆 AB 段产生的是(　　)的组合变形。

　　　　A. 拉伸与弯曲　　　　　　　　　　　B. 扭转与弯曲

　　　　C. 压缩与弯曲　　　　　　　　　　　D. 拉伸、扭转与弯曲

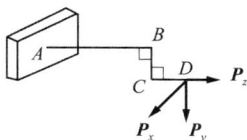

图　11-5

11-13 带缺口的钢板受到轴向拉力 **P** 的作用,若在其上再切一缺口,并使上下两缺口处于对称位置(图11-6),则钢板这时的承载能力将( )。(不考虑应力集中的影响)

    A.提高   B.减小   C.不变

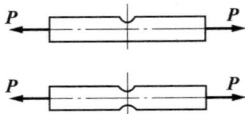

图 11-6

11-14 若一短柱的压力与轴线平行但并不与轴线重合,则产生的是( )变形。

    A.压缩   B.压缩与平面弯曲的组合

    C.斜弯曲   D.挤压

11-15 一工字钢悬臂梁,在自由端面内受到集中力 **P** 的作用,力的作用线和横截面的相互位置如图11-7所示,此时该梁的变形状态应为( )。

    A.平面弯曲   B.斜弯曲

    C.偏心压缩   D.弯曲与扭转组合

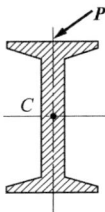

图 11-7

11-16 讨论斜弯曲问题中,以下结论错误的是( )。

    A.中性轴上正应力为零   B.中性轴必垂直于荷载作用面

    C.中性轴必垂直于挠曲面   D.中性轴必通过横截面的弯心

11-17 柱体受偏心压缩时,下列结论中错误的是( )。

    A.若集中力 **P** 作用点位于截面核心内部,则柱体内不产生拉应力

    B.若集中力 **P** 位于截面核心的边缘上,则柱体内不产生拉应力

    C.若集中力 **P** 的作用点位于截面核心的外部,则柱体内可能产生拉应力

    D.若集中力 **P** 的作用点位于截面核心的外部,则柱体内必产生拉应力

11-18 作用于杆件上的外力,当其作用线与杆的轴线平行并通过截面的一根形心主轴时,杆件就受到( )。

    A.单向偏心压缩或拉伸   B.单向偏心压缩

    C.偏心压缩   D.双向偏心压缩

11-19 偏心压缩时,截面的中性轴与外力作用点位于截面形心的两侧,则外力作用点到形心之距离 e 和中性轴到形心距离 d 之间的关系正确的是( )。

    A.$e = d$ B.$e > d$

    C.e 越小,d 越大   D.e 越大,d 越大

11-20 常见截面的截面核心中,圆形截面的偏心距为( )。

    A.$e = R$ B.$e > 2R$ C.$e = R/2$ D.$e = R/4$

4. 计算题

11-21 如图 11-8 所示木条两端简支于屋架上,木条的跨度为 $l = 3.5\mathrm{m}$,屋架倾斜角 $\alpha = 20°$,承受均布荷载为 $q = 3.5\mathrm{kN/m}$,矩形截面 $b/h = 3/4$,木材的容许应力 $[\sigma] = 10\mathrm{MPa}$。试选择木条的截面尺寸;若改为工字钢截面,其容许应力 $[\sigma] = 160\mathrm{MPa}$,试选择其型号。

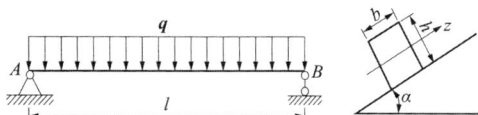

图 11-8

11-22 如图 11-9 所示,桥式起重机梁由 32a 工字钢制成,当小车走到梁跨度中点时,起重机梁处于最不利的受力状态。起重机工作时,由于惯性和其他原因,荷载 F 偏离铅垂线,与 y 轴成 $\varphi = 15°$ 的夹角。已知 $l = 4\mathrm{m}$,$[\sigma] = 160\mathrm{MPa}$,$F = 30\mathrm{kN}$,试校核起重机梁的强度。

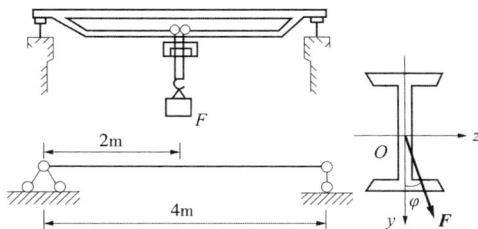

图 11-9

11-23 如图 11-10 所示,木制悬臂梁在水平对称平面内受力 $F_1 = 1.6\mathrm{kN}$ 的作用,竖直对称平面内受力 $F_2 = 0.8\mathrm{kN}$ 的作用,梁的矩形截面尺寸为 $b \times h = 8\mathrm{cm} \times 9\mathrm{cm}$,$E = 10 \times 10^3 \mathrm{MPa}$,试求梁的最大拉、压应力数值及其位置。

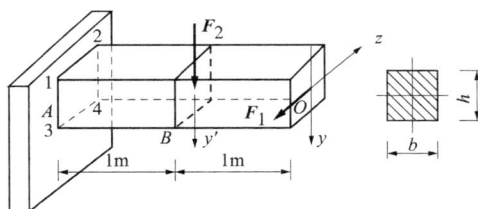

图 11-10

11-24 矩形截面杆受力如图 11-11 所示,F_1 和 F_2 的作用线均与杆的轴线重合,F_3 作用在杆的对称平面内,已知 $F_1 = 5\mathrm{kN}$,$F_2 = 10\mathrm{kN}$,$F_3 = 1.2\mathrm{kN}$,$l = 2\mathrm{m}$,$b = 12\mathrm{cm}$,$h = 18\mathrm{cm}$,试求杆中的最大压应力。

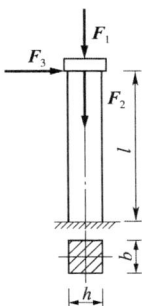

图 11-11

11-25　砖墙和基础截面如图 11-12 所示。设在 1m 长的墙上作用有偏心力 $F=50\text{kN}$,偏心距 $e=60\text{mm}$。求出 1-1、2-2、3-3 截面上由力 F 引起的最大应力和最小应力。

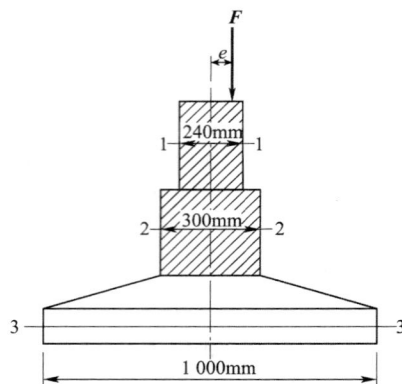

图　11-12

11-26　如图 11-13 所示,矩形截面偏心受拉木杆,偏心力 $F=160\text{kN}$,$e=5\text{cm}$,$[\sigma]=10\text{MPa}$,矩形截面宽度 $b=16\text{cm}$,$h=24\text{cm}$,试校核拉杆的强度。

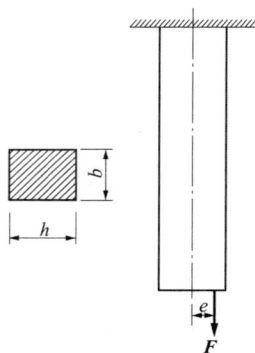

图　11-13

单元十二
UNIT TWELVE
压杆的稳定计算

一、学习要求

（1）举例说明工程中的压杆稳定问题；
（2）能解释稳定、失稳、临界力概念，并说明欧拉公式的适用范围；
（3）能用折减系数法对压杆进行稳定性计算；
（4）列举 1~2 个实例来说明提高压杆稳定性的措施。

二、请你参与

序号	项　目	内　　容
1	抄写本单元标题	
2	自主学习形式	课前预习□　课后复习□　按时完成作业□　参加小组学习研讨□ 观看视频□　完成课外阅读□　完成实践学习任务□　线上学习□ 其他：_____
3	摘写本单元小结	列出主要概念、定理、公式：

续上表

序号	项　目	内　容
4	概述学习体会	概念:容易理解□　课内学懂□　课后复习后理解□　理解困难□ 计算:容易掌握□　课外通过学习互助后能够掌握□　非常困难□ 作图:已经掌握□　经辅导和研讨后掌握□　不会作图□ 进度:进度太快□　进度适中□　进度较慢□ 其他:对专业、行业认知有提高□　学习兴趣增加□ 　　　科学素养有提高□　了解职业精神□　团队合作能力提高□ 　　　表达能力提高□　获取有效信息能力提高□ 　　　其他:_____
5	提出疑难问题	最难理解的概念: 不会计算的习题(写出题号): 难以掌握的作图题(写出题号): 需要提供的学习指导方式:教师线上辅导□　小组合作研讨□ 　　　　　　　　　　　学长助教□　习题课□　实践学习任务□ 其他:_____
6	作出自我评价	本单元学习效果:优秀□　良好□　合格□　有待提高□
请你在学习开始之际填写第1、2项,学完本单元之后填写第3~6项,选项中可勾选多个		

三、问题解析

1. 压杆的压力一旦达到临界压力值,试问压杆是否就丧失了承受荷载的能力?

解:不是。压杆的压力达到其临界压力值,压杆开始丧失稳定,将在微弯形态下保持平衡,即丧失了在直线形态下平衡的稳定性。既然能在微弯形态下保持平衡,说明压杆并不是完全丧失了承载能力。

2. 如何判别压杆在哪个平面内失稳? 图12-1所示截面形状的压杆,设两端为球铰。试问,失稳时其截面分别绕哪根轴转动?

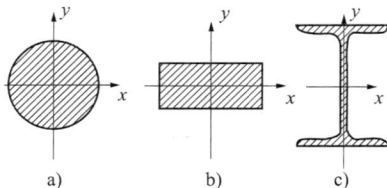

图 12-1

解:(1)压杆总是在柔度大的纵向平面内失稳。

(2)因两端为球铰,各方向的 $\mu = 1$,由柔度知 $\lambda = \dfrac{\mu l}{i}$。

① $i_x = i_y$,在任意方向都可能失稳;

② $i_x < i_y$,失稳时截面将绕 x 轴转动;

③ $i_x > i_y$,失稳时截面将绕 y 轴转动。

3. 图 12-2 所示均为圆形截面的细长压杆($\lambda \geqslant \lambda_{\mathrm{p}}$),已知各杆所用的材料及直径 d 均相同,长度如图。当压力 P 从零开始以相同的速率增加时,问哪个杆首先失稳?

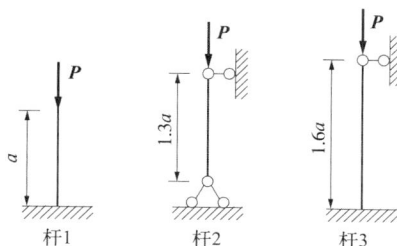

图 12-2

解一:用公式 $P_{\mathrm{cr}} = \pi^2 EI / (\mu l)^2$ 计算,由于分子相同,则 μl 越大,P_{cr} 越小,杆件越先失稳。

解二:运用公式 $P_{\mathrm{cr}} = \sigma_{\mathrm{cr}} A = \pi^2 EA / \lambda^2$,分子相同,而 $\lambda = \mu l / i$,i 相同,故 μl 越大,λ 越大,P_{cr} 越小,杆件越先失稳。

综上可知,杆件是否先失稳,取决于 μl。

图 12-2 中,杆 1:$\mu l = 2 \times a = 2a$

杆 2:$\mu l = 1 \times 1.3a = 1.3a$

杆 3:$\mu l = 0.7 \times 1.6a = 1.12a$

由 $(\mu l)_1 > (\mu l)_2 > (\mu l)_3$ 可知,杆 1 首先失稳。

四、练习题

1. 判断题

(　　)12-1　改变压杆的约束条件可以提高压杆的稳定性。

(　　)12-2　压杆通常在强度破坏之前便丧失稳定。

(　　)12-3　对于细长杆,采用高强度钢才可以提高压杆的稳定性。

(　　)12-4　压杆失稳时一定沿截面的最小刚度方向挠曲。

(　　)12-5　图 12-3 所示为支撑情况不同的圆截面细长杆,各杆直径和材料相同,图 12-3a)杆的临界力最大。

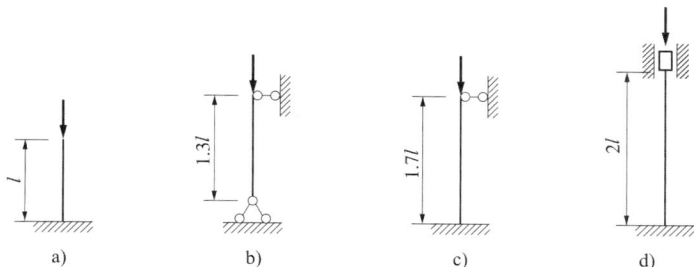

图 12-3

2. 填空题

12-6　压杆的柔度反映了＿＿＿＿＿＿、＿＿＿＿＿＿、＿＿＿＿＿＿等因素对临界应力的综合影响。

12-7 欧拉公式只适用于应力小于＿＿＿＿＿＿＿的情况；若用柔度来表示，则欧拉公式的适用范围为＿＿＿＿＿＿＿＿＿。

12-8 当压杆的柔度＿＿＿＿＿＿＿时，称为中长杆或中等柔度杆。

12-9 长度系数反映了杆端的＿＿＿＿＿＿＿对临界力的影响。

12-10 在一些结构中会出现拉压杆(比如桁架结构、桩结构)，对于那些细长压杆我们除了要做强度计算还需要验算其＿＿＿＿＿＿＿。

12-11 提高细长压杆稳定性的主要措施有＿＿＿＿＿＿、＿＿＿＿＿＿和＿＿＿＿＿＿。

3. 选择题

12-12 细长杆承受轴向压力 P 的作用，其临界压力与(　　)无关。

    A. 杆的材质 　　　　　　　　　　B. 杆的长度

    C. 杆承受压力的大小 　　　　　　D. 杆的横截面形状和尺寸

12-13 细长压杆的(　　)，则其临界应力 σ 越大。

    A. 弹性模量 E 越大或柔度 λ 越小

    B. 弹性模量 E 越大或柔度 λ 越大

    C. 弹性模量 E 越小或柔度 λ 越大

    D. 弹性模量 E 越小或柔度 λ 越小

12-14 在材料相同的条件下，随着柔度的增大(　　)。

    A. 细长杆的临界应力是减小的，中长杆不是

    B. 中长杆的临界应力是减小的，细长杆不是

    C. 细长杆和中长杆的临界应力均是减小的

    D. 细长杆和中长杆的临界应力均不是减小的

12-15 两根材料和柔度都相同的压杆(　　)。

    A. 临界应力一定相等，临界压力不一定相等

    B. 临界应力不一定相等，临界压力一定相等

    C. 临界应力和临界压力一定相等

    D. 临界应力和临界压力不一定相等

4. 计算题

12-16 一细长压杆，材料为 Q235 钢，有四种不同的横截面形式如图 12-4 所示，但其面积均为 $3.2 \times 10^3 \, \text{mm}^2$。试比较四种不同横截面形式的压杆临界力的大小。已知弹性模量 $E = 200\text{GPa}$。

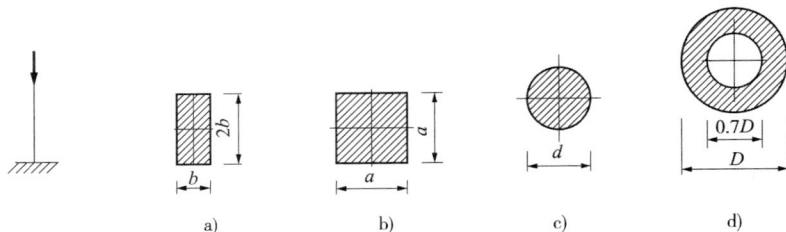

图　12-4

12-17　试用欧拉公式计算下面两种情况下轴向受压圆截面木柱的临界力和临界应力。已知木柱长 $l = 3.5\text{m}$，直径 $d = 200\text{mm}$，弹性模量 $E = 10\text{GPa}$，$\sigma_p = 100\text{MPa}$。（1）两端铰支；（2）一端固定，一端自由。

12-18　一端固定另一端自由的细长受压杆如图 12-5 所示，该杆是由 14 号工字钢做成，已知钢材的弹性模量 $E = 2 \times 10^5 \text{MPa}$，材料的屈服极限 $\sigma_s = 240\text{MPa}$，杆长 $l = 3\text{m}$。（1）求该杆的临界力 P_{cr}；（2）从强度角度计算该杆的屈服荷载 P_s，并将 P_{cr} 与 P_s 进行比较。

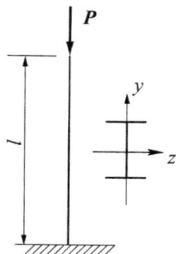

图　12-5

12-19　一端固定，一端自由的矩形截面受压木杆，已知杆长 $l = 2.8\text{m}$，截面尺寸 $b \times h = 100\text{mm} \times 200\text{mm}$，轴向压力 $P = 20\text{kN}$，木材的容许应力 $[\sigma] = 10\text{MPa}$，试对该压杆进行稳定性校核。

12-20　图 12-6 所示圆截面压杆，已知 $l = 375\text{mm}$，$d = 40\text{mm}$，$P = 60\text{kN}$，稳定安全系数 $n_{st} = 4$，材料为 Q235 钢，$E = 200\text{GPa}$，$\lambda_p = 100$，$\lambda_s = 60$，$a = 310\text{MPa}$，$b = 1.14\text{MPa}$，试校核该杆的稳定性。

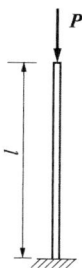

图　12-6

12-21　如图 12-7 所示一简单托架，其撑杆 AB 为圆截面杉木杆。若托架上受集度为 $q = 60\text{kN/m}$ 的均布荷载作用，A、B 两处为球形铰，材料的容许压应力 $[\sigma] = 11\text{MPa}$。试求撑杆所需的直径 d。

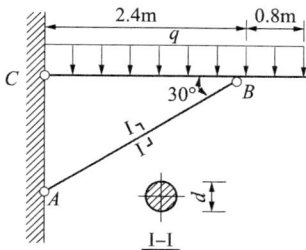

图　12-7

12-22 如图 12-8 所示结构中钢梁 *AB* 及立柱 *CD* 分别由 20b 号工字钢和连成一体的两根 63mm×63mm×5mm 的角钢制成。均布荷载集度 $q = 39$kN/m,梁及柱的材料均为 Q235 钢,$[\sigma] = 170$MPa,$E = 2.1 \times 10^5$MPa。试验算梁和柱是否安全。

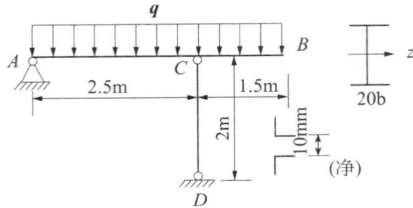

图 12-8

12-23 图 12-9 所示三铰支架中,*BD* 杆为圆截面钢杆,已知 $P = 10$kN,*BD* 杆材料的容许应力 $[\sigma] = 170$MPa,直径 $d = 40$mm,试:(1)校核压杆 *BD* 的稳定性;(2)从 *BD* 杆的稳定性考虑,求三铰支架能承受的最大安全荷载 P_{max}。

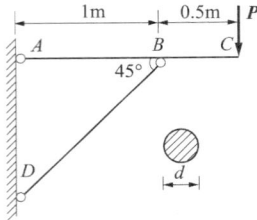

图 12-9

12-24 图 12-10 所示结构中,横梁为 16 号工字钢,立柱为圆钢管,其外径 $D = 80$mm,内径 $d = 76$mm,已知 $l = 6$m,$a = 3$m,$q = 4$kN/m,钢管材料的容许应力 $[\sigma] = 160$MPa,试对立柱进行稳定性校核。

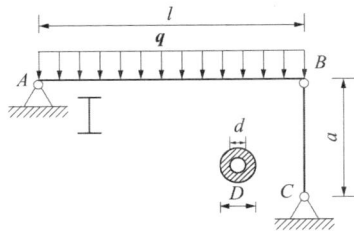

图 12-10

PART 2 | 第二部分
实践学习项目

项目一
ITEM ONE
简支T梁的简化

📖 工程背景

在桥梁比选方案中,简支 T 梁桥虽然跨越能力不大,但因其具有构造简单、施工便捷、造价低廉等特点,故仍被业主所青睐。"T"截面完美地解决了梁结构在弯矩作用下的拉压问题,加上预应力的运用,使得梁结构的跨越能力大大提升,如项目一图所示。

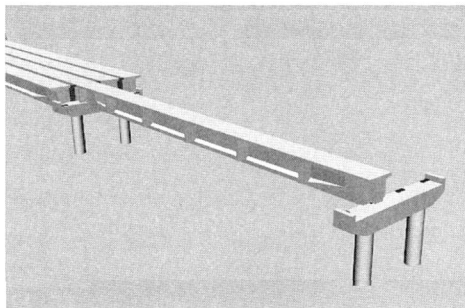
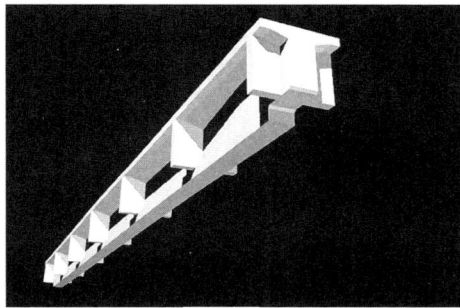

a)　　　　　　　　　　　　　　　　b)

项目一图

📖 任务

对 T 梁进行分析,画出其力学模型。

1-1　简化 T 梁的受力模型:(1)T 梁模型的简化;(2)支座模型的简化;(3)荷载模型的简化。

1-2 为什么可以这样简化,这种简化的优点是什么,可能存在什么样的问题?

1-3 假定 T 梁的长度为 20m,T 梁每米重 15kN,试计算支座反力。

参考资料

1. 中交公路规划设计院有限公司. 公路桥涵设计通用规范:JTG D60—2015[S]. 北京:人民交通出版社股份有限公司,2015.

2. 叶见曙. 结构设计原理[M]. 5 版. 北京:人民交通出版社股份有限公司,2021.

3. 湖南交通职业技术学院工程力学国家精品资源共享课网址:http://www. icourses. cn/ sCourse/course_3521. html.

项目二
ITEM TWO
桥梁施工中最佳吊点问题

工程背景

梁的吊装是梁桥施工的一个重要环节,由于在起吊过程中,梁的实际受力与设计受力有偏差,所以吊点问题是其施工关键问题。施工中常用的梁起吊情况如项目二图所示,吊索通常与钢管相连接,钢管通过钢绳再将混凝土梁吊起。

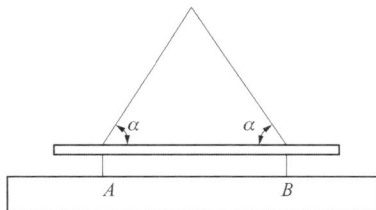

项目二图

任务

根据吊索和梁受力分析对梁的内力与外力进行计算,分析最佳吊点问题。

2-1　简化吊索和梁的受力图示,并分别进行受力分析。

2-2 假定梁的质量为80t,钢索与钢管的夹角为70°,试分别计算钢索与梁的内力。

2-3 从钢索受力角度分析,α角越大,钢索的受力是否越合理? 说明理由。

2-4 假定混凝土梁上下截面配筋相同,从受力角度分析,A、B两个吊点在什么位置时,梁的受力最合理? 分析并说明原因。

2-5 如果梁下截面配筋比上截面多,A、B两点应向外还是向内移动对梁受力更有利? 说明原因。

📖 **参考资料**

1.周水兴,何兆益,邹毅松,等.路桥施工计算手册[M].北京:人民交通出版社,2001.

2.交通部第一公路工程总公司.公路施工手册 桥涵(上、下)[M].北京:人民交通出版社,2010.

3.湖南交通职业技术学院工程力学国家精品资源共享课网址:http://www. icourses. cn/sCourse/course_3521. html.

项目三
ITEM THREE

建筑阳台横梁的受力问题

工程背景

混合结构房屋中的教室、阳台等,常采用钢筋混凝土简支梁。

任务

某建筑阳台如项目三图 a)所示。假设该阳台横梁上只有阳台挡墙,该梁的正视图和剖面图如项目三图 b)和 c)所示。根据建筑阳台图纸资料,对阳台横梁进行受力分析和内力计算,并对梁的强度和刚度进行核算。

a)

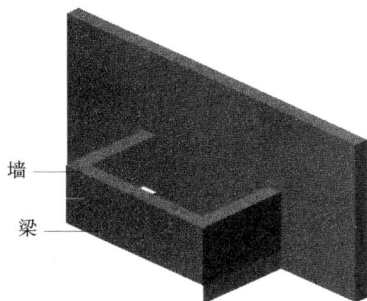

建筑阳台

b)

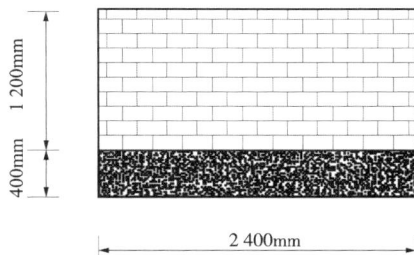

正面图

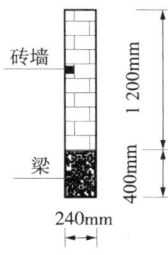

剖面图

c)

项目三图

3-1　讨论横梁支座的约束情况和梁上的荷载情况,并画出该梁的计算简图。(已知砖墙重度 22kN/m³,混凝土重度 25kN/m³)

3-2　计算横梁的最大弯矩和最大剪力,并画出弯矩图和剪力图。

3-3　计算该矩形梁截面的几何特性、截面惯性矩 I_z、抗弯截面系数 W_z、对中性轴的静矩 S_{zmax}^x。

3-4　计算该梁截面上的最大受拉应力 σ_{max}、最大挠度 l_{max},并判断该梁的安全状态。(已知 $E = 25GPa$,容许拉应力 $[\sigma] = 1.78MPa$,容许挠度 $[l] = l_0/200$,其中 l_0 为计算跨度)

参考资料

1. 孙训方,方孝淑,关来泰. 材料力学[M]. 6 版. 北京:高等教育出版社,2018.

2. 罗奕. 建筑力学[M]. 2 版. 北京:人民交通出版社,2008.

3. 湖南交通职业技术学院工程力学国家精品资源共享课网址:http://www. icourses. cn/sCourse/course_3521. html.

项目四
ITEM FOUR

建筑阳台挑梁的受力分析

工程背景

混合结构房屋中的阳台、外走廊、雨棚等,常采用钢筋混凝土挑梁。它与其他钢筋混凝土悬挑梁构件的主要区别在于,一端嵌入砌体墙内,一端悬挑在外,阳台板支承在挑梁上。

任务

某建筑阳台如项目四图 a)所示,假设该阳台挑梁上只有阳台挡墙,该梁的正视图和剖面图如项目四图 b)和 c)所示。根据建筑阳台图纸资料,对阳台的挑梁进行受力分析和内力计算,并对梁的强度和刚度进行核算。

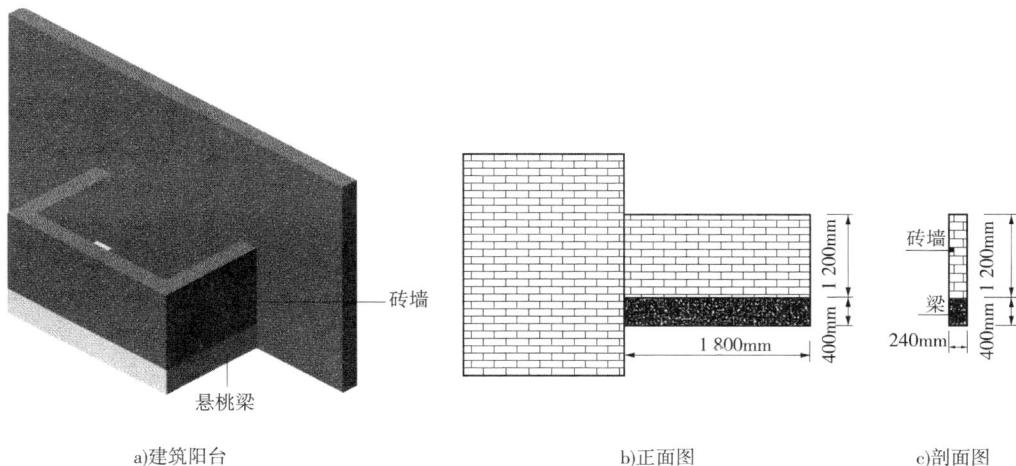

a)建筑阳台   b)正面图   c)剖面图

项目四图

4-1　讨论挑梁支座的约束情况和梁上的荷载情况,并画出该梁的计算简图。(已知砖墙重度 $22kN/m^3$,混凝土重度 $25kN/m^3$)

4-2　计算该挑梁的最大弯矩和最大剪力,并画出弯矩图和剪力图。

4-3　计算该矩形梁截面的几何特性、截面惯性矩 I_z、抗弯截面系数 W_z、对中性轴的静矩 S_{zmax}^*。

4-4　计算该挑梁截面上的最大受拉应力 σ_{max}、最大挠度 l_{max},并判断该梁的安全状态。(已知 $E = 25\,\mathrm{GPa}$,容许拉应力 $[\sigma] = 1.78\,\mathrm{MPa}$,容许挠度 $[f/l] = 1/200$)

参考资料

1. 孙训方,方孝淑,关来泰. 材料力学[M]. 6 版. 北京:高等教育出版社,2018.
2. 罗奕. 建筑力学[M]. 2 版. 北京:人民交通出版社,2008.
3. 湖南交通职业技术学院工程力学国家精品资源共享课网址:http://www.icourses.cn/sCourse/course_3521.html.

项目五
ITEM FIVE
脚手架管问题

工程背景

脚手架是建筑工程施工必须用的重要设施,是为保证高处作业安全、顺利进行而搭设的工作平台或通道。目前,多层和高层建筑多采用扣件式钢管脚手架。扣件式钢管脚手架由钢管和扣件组成,它强度高,能承受较大荷载,坚固耐用,使用年限长,周转率高。钢管脚手架的垂直荷载由横向水平杆和纵向立杆组成的构架承受,并通过立杆传给基础。设置剪刀撑、斜撑和连墙杆主要是保证脚手架的整体刚度和稳定性,加强抵抗垂直力和水平力作用的能力。连墙杆承受全部的风荷载,扣件则是脚手架组成整体的连接件和传力件。

任务

某工地的脚手架如项目五图所示,分析脚手架所用钢管截面的几何性质。

项目五图

5-1　脚手架主要有哪些变形?

5-2   脚手架管为什么采用环形截面,而不采用其他截面形式(如圆形截面)?

5-3   钢管挖空率越大,材料的利用效率是否越高? 试证明你的结论。

5-4   如果你是架管生产厂家,在设计钢管壁厚 δ 时,会考虑哪些因素?

参考资料

1. 王冠儒. 建筑施工技术[M]. 北京:中国建筑工业出版社,1980.

2. 邵国荣. 架子工(中级)[M]. 北京:机械工业出版社,2006.

3. 湖南交通职业技术学院工程力学国家精品资源共享课网址:http://www.icourses.cn/sCourse/course_3521.html.

项目六
ITEM SIX
轻钢屋面结构受力问题

工程背景

随着钢结构的发展，在工程上采用特种钢屋架的情况越来越多。特种钢屋架是指采取圆钢、角钢、薄壁型钢杆件，用焊缝连接而成的钢屋架。这些结构常用于重量较轻、跨度较小的建筑，如农贸市场、简易食堂、广告牌架等。

任务

某轻钢结构如项目六图 a) 所示。假设该屋面为水平，屋面板的荷载为 $0.5\mathrm{kN/m^2}$，取该轻钢屋面结构的部分，其俯视图、正视图和剖面图如项目六图 b) ~ d) 所示。

a)

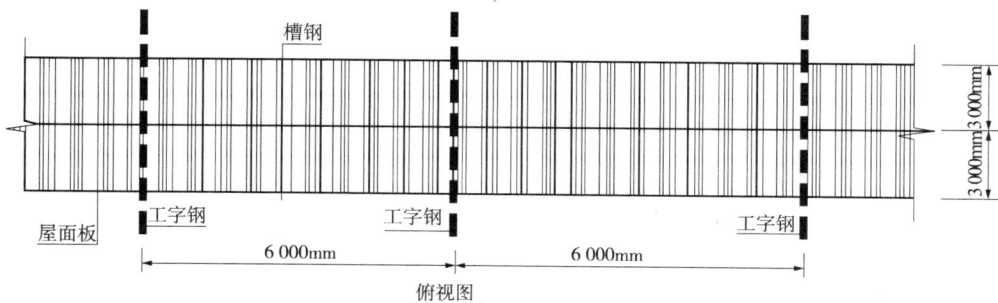

b)

项目六图

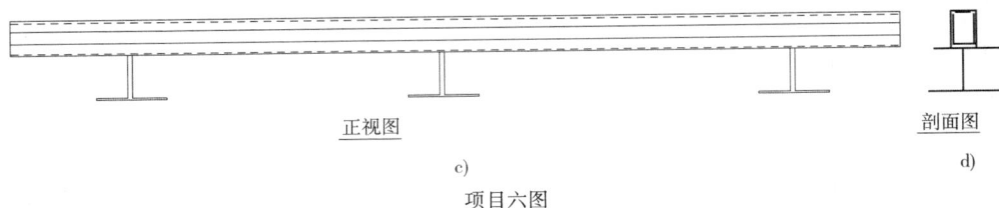

<table>
<tr><td>正视图</td><td>剖面图</td></tr>
<tr><td>c)</td><td>d)</td></tr>
</table>

项目六图

6-1 讨论该槽形梁支座的约束情况和梁上的荷载情况,并画出该梁的计算简图。(已知钢材重度 $78kN/m^3$)

6-2 计算该槽形梁的最大弯矩和最大剪力,并画出弯矩图和剪力图。

6-3 计算一组槽形梁截面的最大受拉应力 σ_{max}、最大挠度 l_{max},并判别这些梁的安全状态,从下表中选出最经济的槽形梁。(已知 $E=206GPa$,容许拉应力$[\sigma]=215MPa$,容许挠度$[l]=l_0/200$,其中 l_0 为计算跨度)

槽形梁型号	截面惯性矩 I_z(cm⁴)	抗弯截面系数 W_z(cm³)	单位重力(kN/m)
C80×40×15×2.0	34.16	8.54	2.72×10^{-2}
C180×70×20×3.0	473.09	46.69	7.79×10^{-2}
C180×60×20×3.0	443.17	46.17	7.31×10^{-2}

 参考资料

1. 王铁成. 混凝土结构原理[M]. 北京:天津大学出版社,2002.

2. 湖南交通职业技术学院工程力学国家精品资源共享课网址:http://www.icourses.cn/sCourse/course_3521.html.

项目七
ITEM SEVEN

公路和隧道中的挡土墙问题

工程背景

挡土墙指的是为防止路基填土或山坡岩土坍塌而修筑的、承受土体侧压力的墙式构造物，其功能是支撑路基填土或山坡土体，防止填土或土体变形失稳。又可以定义为：用以支持并防止坡体倾塌的一种工程结构体，主要考虑受弯、受剪、抗倾覆及抗滑移等。常见的断面形式有以下 3 种：①直立式；②倾斜式；③台阶式。

任务

根据《公路隧道设计规范　第一册　土建工程》(JTG 3370. 1—2018)，隧道洞门可简化为挡土墙。挡土墙墙身构造如项目七图 a) ~ c) 所示。墙高 4m，基础埋深为 0.5m，已知墙背土压力 $P = 137kN$，并且与铅垂线成夹角 $\alpha = 45°$，浆砌片石的重度为 $23kN/m^3$，其他的尺寸如项目七图 7d) 所示。

a)

b)

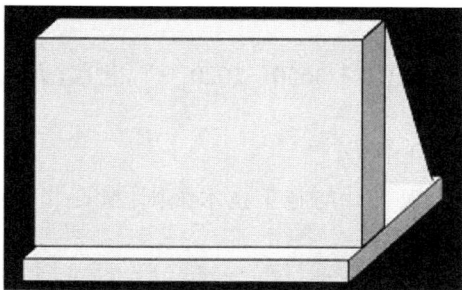

c)

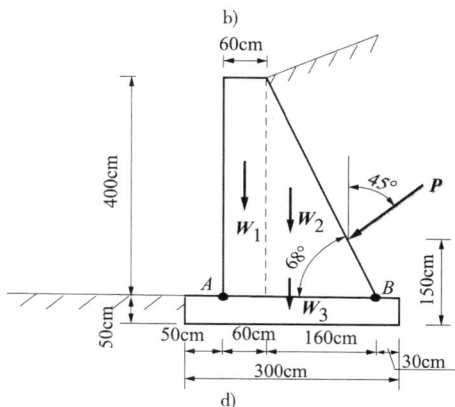

d)

项目七图

试取1m长的挡土墙墙体作为计算对象。

7-1 计算出作用在截面 AB 上 A 点和 B 点处的正应力。

7-2 砌体的容许压应力 $[\sigma_y]=3.5\text{MPa}$,容许拉应力 $[\sigma_l]=0.14\text{MPa}$,试作强度校核。

📖 **参考资料**

1. 中交一公局集团有限公司. 公路桥涵施工技术规范:JTG/T 3650—2020[S]. 北京:人民交通出版社股份有限公司,2020.

2. 陈忠达. 公路挡土墙设计[M]. 北京:人民交通出版社,1999.

3. 中交第二公路勘察设计研究院有限公司. 公路挡土墙设计与施工技术细则[M]. 北京:人民交通出版社,2008.

4. 湖南交通职业技术学院工程力学国家精品资源共享课网址:http://www.icourses.cn/sCourse/course_3521.html.

项目八
ITEM EIGHT

柱箍的强度和刚度问题

工程背景

在整体钢模中,柱箍用于直接支承柱模板并保证其刚度,可用扁钢、角钢、钢管和槽钢等数种型钢,材质多用 Q235 钢。柱箍直接支撑在钢模板上,承受钢模板传递的均布荷载,同时还承受其他两侧钢模板上由混凝土侧压力引起的轴向拉力。柱箍工程图片见项目八图 a)。

任务

框架柱截面为 $400mm \times 600mm$,净高为 $3.3m$,施工时混凝土最大侧压力 $P_m = 57.3kPa$(温度为 $20℃$,混凝土浇筑速度为 $4m/h$,混凝土坍落度为 $5.0cm$),采用组合钢模板。柱箍计算简图见项目八图 b)。

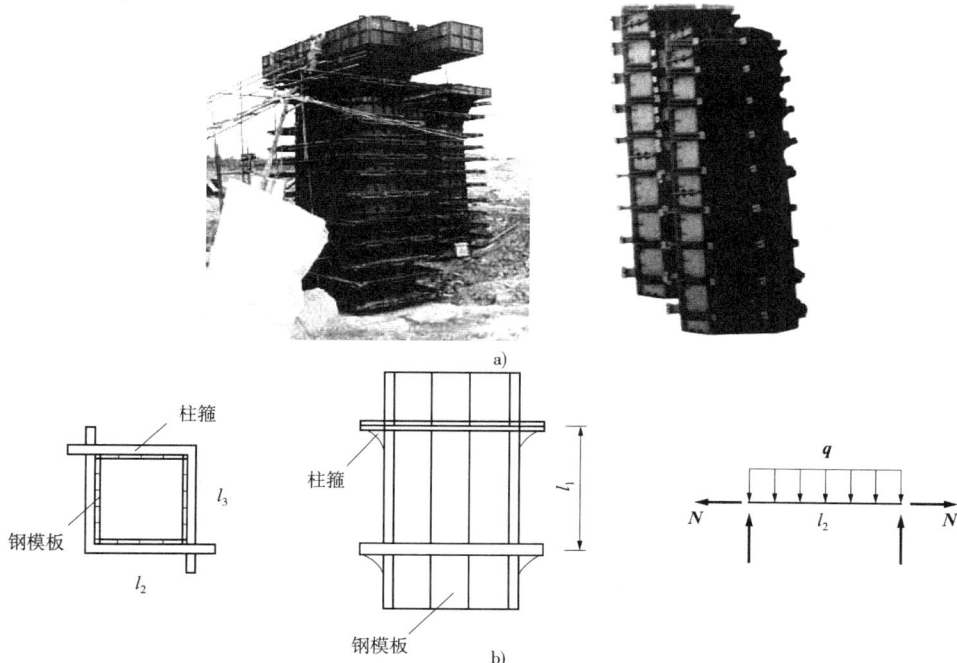

项目八图

8-1 分析柱箍所承受荷载情况(通过受力图来说明)。

8-2 假设选取 $80\text{mm} \times 40\text{mm} \times 2\text{mm}$ ($A = 452\text{mm}^2$, $I = 37.13 \times 10^4\text{mm}^4$, $W = 9.28 \times 10^3\text{mm}^3$, $[\sigma] = 210\text{MPa}$)作为柱箍,根据抗弯强度计算柱箍间距。

8-3 容许挠度 $[f] = 3\text{mm}$,根据刚度校核所选柱箍间距。

参考资料

1.周水兴,何兆益,邹毅松,等.路桥施工计算手册[M].北京:人民交通出版社,2001.

2.杨嗣信.建筑工程模板施工手册[M].3版.北京:中国建筑工业出版社,2015.

3.湖南交通职业技术学院工程力学国家精品资源共享课网址:http://www.icourses.cn/sCourse/course_3521.html.

项目九
ITEM NINE

独脚桅杆的强度
和稳定性问题

工程背景

桅杆吊作为小型的起吊装置,安装简单,起吊灵活,在工程施工中应用非常广泛。

如项目九图所示的独脚桅杆由整根圆木(钢管或型钢结构)、缆风绳及起重滑车所组成。木制桅杆的起重高度小于25m,起重力小于200kN。金属桅杆的起重高度可达50~60m,起重力达1000kN。缆风绳常用5~6根,其一端固定在地锚或建筑物上,与地面夹角为30°~45°。

a)

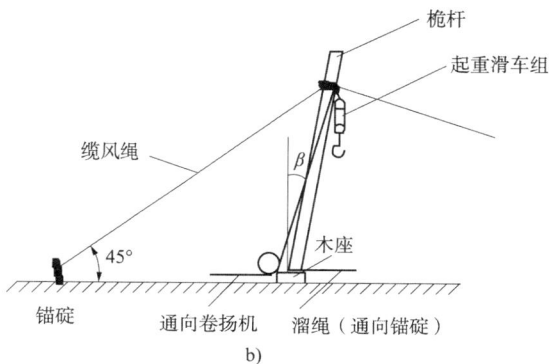

b)

项目九图

任务

某工程木独脚桅杆,高11m,起重力为50kN,起重滑车及吊具重力2kN,偏心距为0.2m,桅杆倾斜角 $\beta = 10°$,采用5根缆风绳锚定,与地面成45°,采用电动卷扬机匀速牵引。

9-1 对桅杆进行受力分析。(在计算桅杆所受起重力时,需要考虑动载系数)

9-2　如果选择桅杆直径为 $d=260\mathrm{mm}$,桅杆木材顺纹抗压设计值为 $[\sigma_y]=15\mathrm{MPa}$,木材抗弯设计值为 $[\sigma_w]=17\mathrm{MPa}$,验算桅杆强度和稳定性。(计算时忽略偏心)

9-3　如果选择 $12.5\mathrm{mm}$ 钢丝绳,考虑荷载不均匀系数,钢丝的破断拉力为 $75.4\mathrm{kN}$,试验算缆风绳的强度。

📖 参考资料

1. 周水兴,何兆益,邹毅松,等. 路桥施工计算手册[M]. 北京:人民交通出版社,2001.

2. 杨文渊,徐犇. 桥梁施工工程师手册[M]. 2 版. 北京:人民交通出版社,2003.

3. 湖南交通职业技术学院工程力学国家精品资源共享课网址:http://www.icourses.cn/sCourse/course_3521.html.

项目十
ITEM TEN
变截面柱吊点位置的近似计算

工程背景

如项目十图 a) 所示,在路桥施工和房屋建筑施工中,经常需要进行立柱的吊装。对于等截面立柱,一点起吊时可视为一端带有悬臂的简支梁,合理的吊点位置是使吊点处最大负弯矩与跨内最大正弯矩绝对值相等。而变截面柱一点、两点绑扎吊点位置的计算较等截面柱复杂,为简化计算,一般常用换算长度近似方法,即将变截面柱换算成等截面柱,按照一定的方法来确定吊点位置(即一点起吊吊点离柱顶为 $0.293l$,两点起吊吊点离柱顶和柱脚各为 $0.207l$),求该位置及中间最大弯矩,进行截面强度和裂缝宽度的验算。

a)

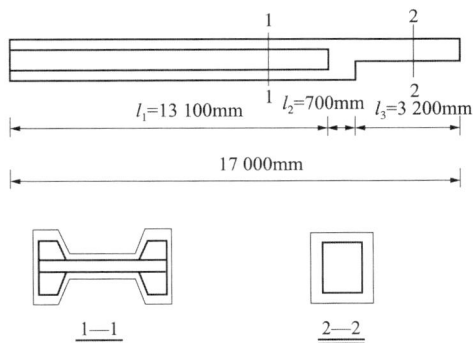

b)

项目十图

任务

一柱子尺寸如项目十图 b) 所示,采用一点起吊、平移和吊装时,立柱混凝土强度为设计强度的 70%,l_1 段 $q_1 = 9.40 \mathrm{kN/m}$,l_2 段 $q_2 = 15 \mathrm{kN/m}$,l_3 段 $q_3 = 5.6 \mathrm{kN/m}$,立柱截面实际配筋为

$2\phi20(628mm^2) + 2\phi12(226mm^2)$。

10-1　确定立柱吊点位置。

10-2　绘制立柱的受力图。

10-3　确定立柱内部最大弯矩,绘制柱子在平移时的弯矩图,验算柱在平移和吊装时的强度。[提供公式:$a_s = M_{max}/(bh_0^2 f_{cm})$,$A_s = KM_{max}/(\gamma_s h_0 f_y)$,$\gamma_s = 0.965$,$b = 800mm$,$b = 465mm$,$f_{cm} = 11mm$,$f_y = 310mm$]

参考资料

1. 周水兴,何兆益,邹毅松,等. 路桥施工计算手册[M]. 北京:人民交通出版社,2001.

2. 杨文渊,徐犇. 桥梁施工工程师手册[M]. 2 版. 北京:人民交通出版社,2003.

3. 湖南交通职业技术学院工程力学国家精品资源共享课网址:http://www.icourses.cn/sCourse/course_3521.html.

项目十一
ITEM ELEVEN
支架问题

工程背景

在土建工程中,支架是工程施工中常用且十分重要的临时设施,其质量的优劣将直接影响工程的质量、安全、速度、效率等。

支架根据所需跨径大小,可采用排架式、人字撑式或八字撑式。排架式为满布式支架,主要由排架和纵梁等构成,纵梁为受弯构件,跨径一般在 4m 以内。人字撑式和八字撑式支架,其纵梁必须加设人字撑或八字撑,为可变结构,在浇筑混凝土时应保持均匀、对称的加载程序,以防产生较大变形,但支架跨度可达 8m。

满布式支架的排架,可设置在枕梁上或桩基上,基础须坚实可靠,以保证排架的沉陷值不超出规定。当排架较高时,应在排架上设置撑木,在排架两侧设置斜撑木或斜立柱,以保证支架横向稳定,如项目十一图 a) 所示。

a)

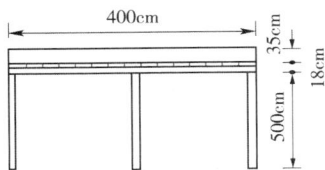

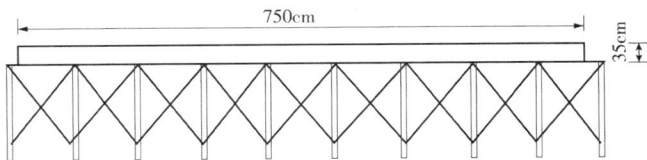

b)

项目十一图

任务

某 4m 钢筋混凝土箱涵,涵洞长度 7.5m,板厚 0.35m,采用满布式木支架现浇,如项目十一图 b)所示,荷载情况如下:

板上每米的荷载为

$$g = (g_1 + g_2 + 2 \times 2.0)b = (8.75 + 2.0 + 2 \times 2.0) \times 0.20 = 2.8(\text{kN/m})$$

其中,钢筋混凝土箱涵 $g_1 = d\gamma = 0.35 \times 25 = 8.75(\text{kN/m}^2)$,施工人员 $g_r = 2.0\text{kN/m}^2$,倾倒混凝土产生的冲击荷载和振捣混凝土时产生的荷载均按 2kN/m^2 考虑。

11-1 分析模板的受力,若采用鱼鳞云杉,其容许弯应力 $[\sigma_w] = 13.0\text{MPa}$,试选择模板截面尺寸。

11-2 木材的弹性模量为 $E = 9.0 \times 10^6 \text{kN/m}^2$,$[f/l] = 1/400$,试核算模板挠度。

11-3 纵梁按简支梁计算,跨度 $l_2 = 2.0\text{m}$,横桥向宽度 $l_1 = 1.0\text{m}$,预设宽度为 0.18m,试选定其截面尺寸,以及核算其挠度。

参考资料

1. 周水兴,何兆益,邹毅松,等.路桥施工计算手册[M].北京:人民交通出版社,2001.

2. 杨文渊,徐犇.桥梁施工工程师手册[M].2 版.北京:人民交通出版社,2003.

3. 湖南交通职业技术学院工程力学国家精品资源共享课网址:http://www.icourses.cn/sCourse/course_3521.html.

PART 3 | 第三部分
实践学习任务

以个人或小组为单位,确定一个实践学习项目,完成实践学习任务要求的内容,并填写学习任务单。

实践学习任务有:(1)课外阅读任务;(2)网络视频观看任务;(3)《工程力学学习指导》(第4版)书中学习项目;(4)《工程力学》(第6版)教材附录四的大作业。

工程力学课程思政育人实践学习任务见下表。

工程力学课程思政育人实践学习任务一览表

序号	项目	基 本 要 求	思政育人目标
1	考察调研	1. 以学习小组为单位,自拟考察施工现场调研项目、考察调研工作计划,分工及职责。 2. 明确地点、施工单位、项目名称、考察或调研项目概况等。 3. 分析考察或调研对象与力学相关的知识或试验(如:力学定理、定义,力学模型,力学基本计算等)。 4. 完成考察调研主题报告及小组活动考核评价,并提出学习疑难问题和对教学的建议	根据专业人才培养目标和课程思政育人要求,结合课程知识点及教学内容进度,采取任务驱动、小组合作学习探究方式,安排课程实践学习任务,旨在强化青年学生爱国爱党的理想信念和家国情怀;渗透路桥人的匠心和职业精神;培养力学思维和科学素养;提高自主学习能力和理论联系实际分析解决问题的能力;融入传统文化,提升人文素养;树立安全责任和法律意识;养成精益求精和严谨求实的职业素质
2	综合作业	以个人或小组为单位,对一个典型工作任务中的结构构件或试验作综合分析与计算。 1. 分析结构在复杂力系作用下的外力、内力。 2. 对结构物作强度计算。强度部分包括内力图、截面选择、荷载确定等,完成计算说明书,并作图。 3. 根据分析计算结果或试验报告,考虑工作现场实际工作条件,得出相关结论。 4. 完成内力图图纸一份,强度计算说明书一份(或试验报告一份)	
3	专题研讨	1. 每学期期末举行一次力学学习专题研讨,学生按4人一组准备。 2. 小组学习成果或作品能够彰显社会主义核心价值观、科学精神、力学思维方法、工匠精神、路桥人的默默奉献和开拓创新精神,能够体现文化自信、道路自信和遵纪守法、安全环保等。 3. 每个小组要写出不少于3 000字的研究报告,并且写出大约100字的摘要,3~4个关键词,列出参考文献。 4. 学生应掌握信息采集与处理的途径和方法;具有对信息综合分析的能力,提高表达交流、团队合作、探索创新等方面的能力与素质。 5. 以小组为单位集体答辩,一名组员主讲,其余组员补充	
4	小组活动	以小组为学习单位,以合作探究或实践体验学习为方式,以任务驱动为手段,培养协作、交流、文字表达、动手能力等关键能力。具体项目有: 1. 线上线下学习互助活动;2. 课程设计活动;3. 力学竞赛活动;4. 桥梁模型制作;5. 课件制作;6. 撰写研究报告、论文、读后感等;7. 课外阅读活动;8. 专业视频观看活动;9. 学长助教辅导	

任务一
TASK ONE

讨论古诗句"野渡无人舟自横" 中体现的力学知识

以个人与小组相结合的方式,讨论唐代诗人韦应物的诗作《滁州西涧》中"野渡无人舟自横"一句所体现的力学知识。辅助阅读资料:天津大学力学教授王振东撰写的《野渡无人舟自横》一文。

要求:利用课余时间,1 周内完成。具体任务如下:

(1)个人任务:自主阅读后知道唐代诗人韦应物的诗作《滁州西涧》,并抄写和背诵。

(2)小组任务:集体讨论后列举文中的力学现象、力学概念,并写出 1~2 例古诗词中对力学现象描述的佳句。

(3)通过网络搜索,列举王振东教授撰写的关于力学与诗词的另一篇文章主题。

(4)完成阅读记录表。

阅读材料:

野渡无人舟自横
——漫话流体运动中物体的稳定性
作者:王振东

"独怜幽草涧边生,上有黄鹂深树鸣;春潮带雨晚来急,野渡无人舟自横。"这首脍炙人口的《滁州西涧》是唐诗名篇,为韦应物在唐建中二年(公元 781 年)出任滁州刺史期间所写。尽管许多人对这首七绝作过多种解释和评论,但却忽略了诗句中所凝聚着的对力学现象的洞察力。

"春潮带雨晚来急,野渡无人舟自横",意思是拴在郊野无人驾驭的小船,在湍急流动的小河中,横在河里,随波荡漾。这里形象真实地描绘了在河中荡漾的小船,因要处于一个稳定的平衡位置,总是横在河中。

为什么小船要横在河中呢?这里有一个流体力学问题。一般物体在静力作用下的平衡问题,是一个古老的力学问题。直立在桌子上的细杆,处于一个不稳定平衡位置;而悬挂的直杆,平衡是稳定的。前者受一扰动后,重力形成的力矩将使细杆远离平衡位置;而后者受扰动后,重力形成的力矩倾向于恢复平衡位置。由于流体运动时,对物体产生的合力和合力矩比较复杂,直到19世纪末、20世纪初,力学家们才对运动流体中物体平衡稳定性做出较精确的分析。现在已容易用流体力学的方法,将小船简化成一个细长椭圆柱体,来讨论理想不可压缩流体绕椭圆柱的二维流动问题,以计算流体对椭圆柱的作用力和力矩。从而证明拴于郊野的无人渡船,在湍急的水流中总欲自横,源于这是小船的稳定平衡位置。为了检验此分析是否正确,有人在天津大学流体力学实验室的6m水槽中,做了小船稳定平衡位置的模型试验,结果印证了的确是"野渡无人舟自横"。

对于航行中的小船,以上的道理也是适用的。小船顺着航行方向的平衡是不稳定的,为保持航向,舵手需不断地调整操纵。这就是为什么一个划船的生手,总是难以使小船笔直航行的道理。在初学划船时,船往往总是在水中打转转。当然,要真正弄清楚航行中小船的稳定性,还必须考虑小船的惯性,而这些内容就是近代导向轮船、飞机在航行中运动稳定性的深入学问了。它是近代航海航空航天技术的理论基础之一。

韦应物凭借入细入微的观察和高度概括能力,仅仅用了七个字,便将这一类极为重要的自然现象活脱脱地勾画出来,不仅使读者得到了美的享受,而且从中体味出自然规律。而这早在距今1 200多年以前就有了,比西方对这一现象的精确描述要早1 100多年。

唐诗是我国文学史上一颗光辉灿烂的明珠,千百年来一直为人们传诵不衰。在唐诗中还可以找到一些对流体运动现象观察和描述的佳句。而韦应物是一位值得特别提出的唐代诗人,他有好几首涉及流体运动现象的诗作,除《滁州西涧》外,还有《咏露珠》诗:"秋荷一滴露,清夜坠玄天,将来玉盘上,不定始知圆。"这首诗形象地描绘了露珠在荷叶面上不润湿的力学现象。《听嘉陵江水声寄深上人》诗中所写:"水性自云静,石中本无声。如何两相激,雷转空山惊。"以及《赠卢嵩》诗所写:"海水虽无心,洪涛亦相惊。怒号在倏忽,谁识变化情?"这两首诗不仅对流体运动致声作了形象的描述,还对流体运动为什么会致声提出了疑问,有所思考。

过去人们总是从老子、庄子、墨子等一些思想家的著述中,去寻找古代的力学思想,这当然是不错的;但别忘了在古代诗词中,也有一些佳句是对力学现象的精湛描述。韦应物的这几首诗正是很好的例子。

（本文来源:http://blog. sciencenet. cn/blog-205890-210706. html）

阅读记录表

个人阅读时间	
集体讨论时间	
抄写并朗读七绝《滁州西涧》	

续上表

概括本诗所表达的思想感情	
诗中的力学知识	力学现象： 力学概念：
我国古代诗词中与力学现象相关的佳句	
王振东教授撰写的关于力学与诗词的另一篇文章主题	

任务二
TASK TWO

对某座斜拉桥(或悬索桥)的索塔和斜拉索(或主缆)进行受力分析

　　以小组为单位,选取某座斜拉桥(或悬索桥)为研究对象,介绍该桥的结构组成并对斜拉桥(或悬索桥)的索塔和斜拉索(或主缆)进行受力分析。斜拉桥的简图和照片见任务二图1,供参考。学生填写学习任务单,完成一篇自拟题目的主题报告。

　　要求:(1)利用课余时间,1周内完成。

　　(2)绘制索塔和斜拉索的受力图。

　　(3)主题报告不少于2 000字,介绍工程背景和结构特点,介绍路桥人的职业精神和工匠精神。

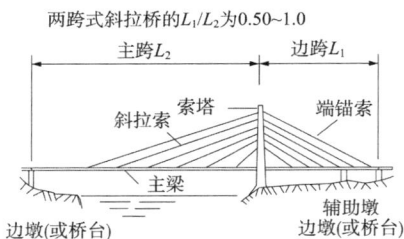

任务二图　1

学 习 任 务 单

项目名称	
小组成员与分工	组　　　　长＿＿＿＿＿＿＿＿＿＿＿＿＿＿＿＿＿＿＿＿＿ 网络信息收集＿＿＿＿＿＿＿＿＿＿＿＿＿＿＿＿＿＿＿＿＿ 图书资料查找＿＿＿＿＿＿＿＿＿＿＿＿＿＿＿＿＿＿＿＿＿ 撰写论文报告＿＿＿＿＿＿＿＿＿＿＿＿＿＿＿＿＿＿＿＿＿ 实地考察记录＿＿＿＿＿＿＿＿＿＿＿＿＿＿＿＿＿＿＿＿＿ 实 地 拍 照＿＿＿＿＿＿＿＿＿＿＿＿＿＿＿＿＿＿＿＿＿ 资 料 整 理＿＿＿＿＿＿＿＿＿＿＿＿＿＿＿＿＿＿＿＿＿ 咨 询 导 师＿＿＿＿＿＿＿＿＿＿＿＿＿＿＿＿＿＿＿＿＿ 其　　　　他＿＿＿＿＿＿＿＿＿＿＿＿＿＿＿＿＿＿＿＿＿
学习目的	了解斜拉桥(悬索桥)的历史与发展□　明确斜拉桥(悬索桥)的受力特点□ 欣赏斜拉桥(悬索桥)的艺术美□　激发专业兴趣□ 增加学习力学的兴趣□　了解斜拉桥(悬索桥)的施工技术□
学习内容	斜拉桥(悬索桥)的类型与结构组成□ 斜拉桥(悬索桥)的发展趋势□ 世界上十座著名的斜拉桥(悬索桥)□ 长江上的斜拉桥(悬索桥)统计　□ 斜拉桥(悬索桥)的受力特点□ 索塔的受力特点□　斜拉索的受力特点□　锚碇的受力特点□ 斜拉索的制作材料□　斜拉桥(悬索桥)的施工流程□ 其他□＿＿＿＿＿＿＿＿＿＿＿＿＿＿＿＿＿＿＿＿＿＿＿＿＿
力学分析	绘制图 1 中索塔和斜拉索的受力图
学习方法	实地考察法□　问卷调查法□　集体研讨法□ 访谈法□　统计法□　搜索网络信息□　收集图书资料□
学习成果形式	论文□　报告□　图片□　PPT 课件□　图纸□　模型□
学习效果自评	团队合作□　工作效率□　交流沟通能力□　获取信息能力□ 写作能力□　表达能力□ (根据小组完成任务情况填写 A:优秀 B:良好;C:合格;D:有待改进)

主 题 报 告

题目	

任务三
TASK THREE
对起重吊装作业进行力学分析

以小组为单位,利用课余时间,在校园内外考察调研起重施工作业项目。全面介绍该起重吊装项目的整体情况,每组完成课外考察(调研)报告单(附录三)和强度计算说明书(格式自拟)一份,每人填写学习任务单一份,2周内完成。

学习资料:

一、吊装作业中平衡梁的种类和技术特性

平衡梁又称横吊梁或扁担梁,是一种在吊装作业中能平衡两套或两套以上索具受力的装置。常见的平衡梁有支撑式[任务三图1a)]和扁担式[任务三图1b)]两种。支撑式平衡梁吊索较长,主要用于形体较长的物件,也可以用于吊件的空中翻转作业。扁担式平衡梁吊索较短,多用于吊装大型构件,如屋架、桁架等。在实际施工中,起吊超长超宽的钢筋结构构件时,常采用平衡梁装置。任务三图2为工地起重机起吊工作图。任务三图3为预应力屋架采用平衡梁四吊点绑扎起吊示意图。

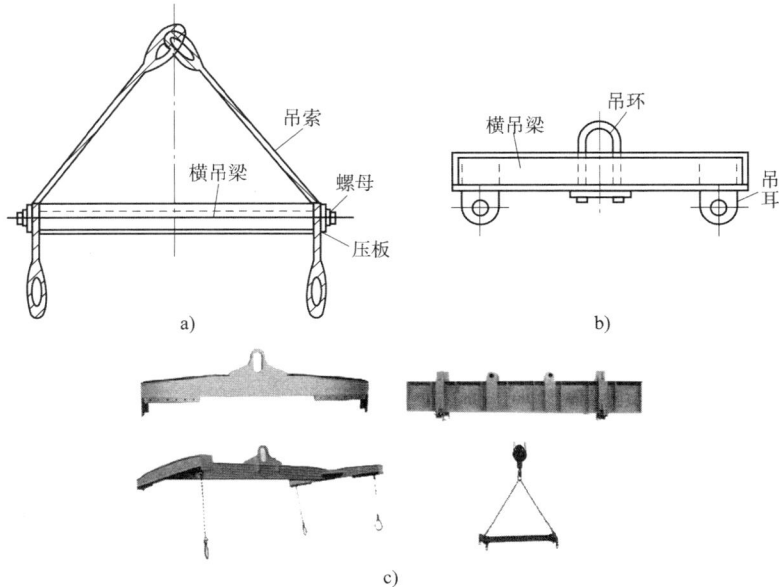

任务三图 1

任务三图　2

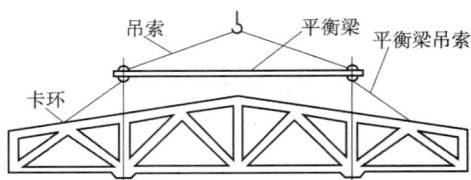

任务三图　3

二、平衡梁的作用

(1)当设备或构件长而大且不允许受纵向水平分力时,用以承受由于吊索倾斜所产生的水平分力,减少吊装时重物所受的压力。

(2)在大型精密设备吊装中,用以将钢丝绳撑开,防止设备磨损。

(3)多机抬吊时,平衡各台起重机的受力,合理分配荷载。

(4)采用平衡梁吊装,使被吊装的大型金属结构和组合件受力合理,减少设备变形等,相当于对其进行补强。

三、平衡梁使用的注意事项

(1)平衡梁的制作和选取必须根据所吊物件的重量、大小、形状、结构和工作条件等来确定,不能随意选用。

(2)平衡梁通常与吊索配合使用。作业时,吊索与平衡梁的水平夹角不能过小,一般应控制在45°~60°之间,以免因水平分力过大,使平衡梁产生变形。

(3)当吊索与平衡梁的水平夹角较小时,应用卸扣将挂在吊机吊钩上的两绳圈固定在一起,以防止吊索脱钩。同时,应对平衡梁和绳索进行复核验算。

摘自韩实彬主编的《起重工长》,机械工业出版社,2007年版 P.117

学 习 任 务 单

项目名称	
小组成员与分工	组　　　长＿＿＿＿＿＿＿＿＿＿＿＿＿＿＿＿ 组　　　员＿＿＿＿＿＿＿＿＿＿＿＿＿＿＿＿ 网络信息收集＿＿＿＿＿＿＿＿＿＿＿＿＿＿ 图书资料查找＿＿＿＿＿＿＿＿＿＿＿＿＿＿ 受力分析与计算＿＿＿＿＿＿＿＿＿＿＿＿＿ 实地考察记录＿＿＿＿＿＿＿＿＿＿＿＿＿＿ 实 地 拍 照＿＿＿＿＿＿＿＿＿＿＿＿＿＿ 资 料 整 理＿＿＿＿＿＿＿＿＿＿＿＿＿＿ 其　　　他＿＿＿＿＿＿＿＿＿＿＿＿＿＿＿
学习目的	了解起重吊装作业的工作内容□　认识吊装设备、工具的种类与用途□ 分析吊索的受力特点□　激发专业兴趣□　增加学习力学的兴趣□ 其他:＿＿＿＿＿＿＿＿＿＿＿＿＿＿＿＿＿＿＿＿＿＿＿＿＿＿

考察内容	以小组为单位在学校、居住地附近考察起重施工作业项目。 　1.拟定考察调研计划和项目名称,明确分工与任务,确定考察地点与时间。 　2.记录起重作业的地点、项目名称、使用的机索具、被吊装或运输的设备、起重设备的型号、安全注意事项、文明生产管理制度等。 　3.分析考察或调研的对象与力学相关的知识(如:定理、定义、力学模型、力学基本计算等)。 　4.填写课外考察(调研)报告单(附录三)及小组活动考核评价,并提出教学建议。 　5.其他:_____
力学分析与计算内容	1.以任务三图1中的平衡梁在自重和吊索的拉力作用下处于平衡,试对其进行受力分析并画出平衡梁的受力图。 　2.设吊索与平衡梁的夹角为45°,计算吊索所受的力。 　3.根据吊索与拉力和夹角之间的关系,说明吊索与平衡梁的水平夹角不能过小的原因。
学习成果形式	论文□　报告□　计算说明书□　图片□　图纸□　PPT课件□

	组员姓名	团队合作意识	个人作用	工作效率	交流沟通能力	自主学习能力	获取信息能力	安全环保意识
学习效果自评								
	(此栏根据个人完成任务情况由本人填写 A:优秀 B:良好;C:合格;D:有待改进)							

任务四
TASK FOUR

讨论体育运动项目中涉及的力学知识

以个人自主学习的方式,课后阅读北京大学力学教授武际可撰写的《力学与体育运动二三事》中关于"运动中人体的重心"的内容。

要求:利用课余时间,1周内完成。具体任务如下:

(1)知道文中提到的体育运动项目。

(2)列举文中运动项目涉及的力学知识。

(3)通过网络搜索,列举武际可教授撰写的关于力学科普的另一篇文章主题。

(4)完成阅读记录表。

阅 读 记 录 表

阅读时间	
文中涉及的运动项目与姿势	
文中运动项目涉及的力学知识	力学概念:
武际可教授撰写的关于力学科普的另一篇文章主题	
概括归纳文章对自己的一点启示	列出关键词2~4个

阅读材料：

运动中人体的重心
——摘自《力学与体育运动二三事》
作者：武际可

在角力和跑跳运动中，正确处理自己身体重心的位置、重心的起伏幅度、重心速度方向以及它和人体姿态的依存关系，对于提高运动成绩是很重要的。

在摔跤、柔道等准静态角力运动中，运动员要尽量保持自己的平衡而把对方摔倒。为此，保持自己重心较低的姿势是有利的，所以在这类运动中，运动员多采取猫腰和半下蹲的姿势。重心较低比较稳定，这是力学上一个普遍原理。早在西汉时期刘安所著的《淮南子》中，就有"上重下轻，其覆必易"的记载。后来法国的拉格朗日在他 1788 年所著的《分析力学》中把这个结论一般化，总结为：力学系统在势能取极小时平衡是稳定的。

在跨栏、短跑和中长跑等项目中，运动员的重心起伏的幅度不可以太大。因为起伏过大，在运动全程中，重心所行走的曲线比起伏小的路径要长。但重心的起伏也不可能消失，因为在赛跑时，两步之间有一个短暂的两足同时离地的跳离时刻，两足同时离地必然会使身体的重心抬高，所以要完全没有重心的起伏是不可能的。研究表明在跨栏运动中，身体重心上下起伏幅度为 10~20cm，而短跑运动员最大不超过 8cm。在竞走比赛时，虽然限制不能两足同时离地，重心的起伏也不可能消失，不过这时重心的起伏幅度比赛跑时要小许多。

运动生物力学、运动生物化学、运动医学多科学的理论和科学手段的联合运用和各方面专家的努力，使用先进的科技仪器（如每秒几千帧的摄影机，电子计算机定量分析的软件系统）为高水平短跑运动员进行技术诊断，提供了准确的时间、空间、步数、步长、步频、速度等运动学参数。研究表明，短跑单步技术发展趋势是缩短支撑时间，同时又缩短腾空时间，认定增大人体重心腾起的初速度和减小人体重心的腾起角是加快短跑速度技术的关键。初速度和腾起角，会直接影响短跑每一单步的步幅和体态。正是由于这一系列的科学研究和科学训练，才有一系列新纪录和 2009 年牙买加名将博尔特创造的百米世界纪录 9.58s 保持至今。

正确确定人体重心的位置，对于刷新跳高纪录同样起着非常重要的作用。

跳高时，人体的跳跃高度是由三个垂直距离的总和所决定的，这就是跳高理论中的重要公式：

$$H = H_1 + H_2 - H_3$$

其中，H 为能够跳过的横杆高度；H_1 为起跳时人体离地瞬间身体重心的高度；H_2 为通过跳跃使人体重心升高的高度；H_3 为人体重心腾起的最高点至横杆之间的距离。

H_1 是运动员固有的，大约是运动员身高的 0.6 倍，运动员的身高愈高则 H_1 也愈大，所以跳高运动员一般是高个子。H_2 是和运动员弹跳能力以及助跑等因素有关的。而 H_3 取决于越过横杆时所采用的姿势。迄今先后流行过的跳高姿势有跨越式、剪式、滚式、俯卧式、背越式等。对不同姿势 H_3 的数值大致是,跨越式,$H_3 = +40$cm 左右;俯卧式,$H_3 = +10$—($+15$)cm 左右;背越式,$H_3 = -5$cm 左右。特别需要说明的是,在背越式越过横杆时,臀部、腹部位置较高,头、四肢位置较低,往往低于横杆,人呈弓形,重心在人体外,位于横杆的下方,所以成绩可以比其他姿势好。

为了说明跳高姿势对于跳高成绩的影响,我们来简略介绍近百年中流行跳高姿势的变迁。第一种有正式记载的跳高姿势是跨越式。在 1864 年牛津大学和剑桥大学的田径对抗赛上,英国运动员罗伯特·柯奇以"跨越式"创造了 1.70m 的世界纪录。

1895 年,美国人斯维尼改进了跨越式,其特点是运动员在过杆时,身体急速侧向转体,两腿交叉如剪刀,这就是"剪式",这种技术在当时创造了 1.97m 的新纪录。1957 年 11 月 3 日,我国女子跳高运动员郑凤荣在北京跳过了 1.75m,打破世界纪录,就是用剪式跳过的。

1912 年,美国运动员霍林在美国斯坦福大学田径赛上采用左侧斜向助跑,过杆时以身体左侧滚过横杆,霍林把这种技术命名为"滚式",这种技术使人类跳过了 2m 的高度。

1923 年,苏联运动员伏洛佐夫又创造出"俯卧式"跳高技术,很快流行开来。在 1968 年第 19 届墨西哥城奥运会上,39 名跳高运动员中有 38 人采用这种技术,使"俯卧式"技术的应用达到了巅峰。1970 年,我国运动员倪志钦即用俯卧式创造了 2.29m 的世界新纪录。

然而也是在第 19 届奥运会上,美国 21 岁的福斯贝里过杆动作与众不同,他越过横杆时,不是面朝下,而是面朝上,这个动作被命名为"背越式"过杆技术。在这一届奥运会上,福斯贝里以 2.24m 的成绩创造了新的奥运会纪录,"背越式"跳高也随之风靡全球。此后十余年间,俯卧式跳高和背越式跳高究竟哪个技术更先进,田径界一直没有定论。直至 1980 年第 22 届莫斯科奥运会上,联邦德国运动员韦希格以背越式跳高技术征服了 2.36m 的高度,战胜了所有采用俯卧式跳高的运动员后,背越式跳高才逐渐开始占据跳高技术的统治地位,俯卧式跳高技术逐渐被冷落。我国运动员朱建华从 1983 年到 1984 年分别以 2.37m、2.38m 和 2.39m 的成绩三次打破世界纪录,他采用的姿势就是背越式。

(本文来源:http://blog. sciencenet. cn/blog-39472-24038. html)

任务五
TASK FIVE
对榫卯结构进行力学分析

以个人自主学习的方式,课后阅读《榫卯结构》一文。

要求:(1)能列举 1 种典型的榫卯结构并说明其连接原理。

(2)假定一对大小相等、方向相反、作用在一条直线上的外力,对榫卯结构进行受力分析,并指出剪切面。

(3)完成阅读记录表。

阅 读 记 录 表

阅读时间	
列举文中提及的榫卯结构名称	
画出受力简图,标注剪切面	

阅读材料：

榫 卯 结 构

中国古建筑以木材、砖瓦为主要建筑材料,以木构架结构为主要的结构方式,由立柱、横梁、顺檩等主要构件建造而成(任务五图1),各个构件之间的结点以榫卯相咬合,构成富有弹性的框架。榫卯是极为精巧的发明,这种构件连接方式,使得中国传统的木结构成为超越了当代建筑排架、框架或者刚架的特殊柔性结构体,不但可以承受较大的荷载,而且允许产生一定的变形,在地震荷载下通过变形抵消一定的地震能量,减小结构的地震响应。

任务五图 1

榫卯(任务五图2)是在两个木构件上所采用的一种凹凸结合的连接方式。凸出部分叫榫(或榫头),凹进部分叫卯(或榫眼、榫槽),榫和卯咬合,起到连接作用。这是中国古代建筑、家具及其他木制器械的主要结构方式。榫卯结构是榫和卯的结合,是木件之间多与少、高与低、长与短之间的巧妙组合,可有效地限制木件向各个方向的扭动。最基本的榫卯结构由两个构件组成,其中一个的榫头插入另一个的卯眼中,使两个构件连接并固定。榫头伸入卯眼的部分被称为榫舌,其余部分则称作榫肩。

榫卯结构是一项精湛的木工技艺,早在石器时代就诞生了,它不废一钉一胶,却能让家具、建筑牢固。若榫卯使用得当,两块木结构之间就能严密扣合,达到"天衣无缝"的程度。它也是古代木匠必须具备的基本技能,工匠手艺的高低,通过榫卯结构就能清楚地反映出来。

任务五图2 榫卯

1973年,距离宁波市区约20km的余姚市河姆渡镇发现了距今六、七千年的新石器文化遗址,人们称之河姆渡遗址,在遗址中人们发现了大量榫卯结构的木质构件。

这些榫卯结构主要应用在河姆渡干栏式的房屋建筑上,有凸型方榫、圆榫、双层凸榫、燕尾榫以及企口榫等。

家具中的设计必须在满足人们的视觉美感后,还要求科学合理性,使其长久耐用。这就要求每个木料的榫头、卯眼,必须根据家具的造型进行组合,同时每个木料所受到的承受力,在古代木工师傅的多年目测经验中,能准确地被判断出来。

榫卯结构按构合作用来归类,大致可分为三大类型:

面与面。一类主要是作面与面的接合,也可以是两条边的拼合,还可以是面与边的交接构合。如"槽口榫""企口榫""燕尾榫"(任务五图3)"穿带榫""扎榫"等。

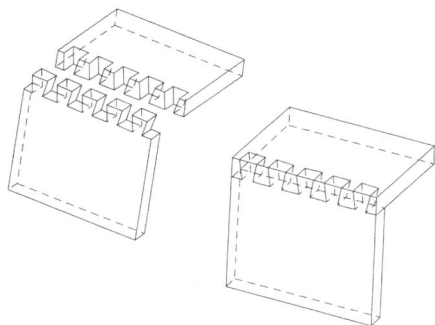

任务五图3 燕尾榫

点结构。另一类是作为"点"的结构方法。主要用于作横竖材丁字结合,成角结合,交叉结合,以及直材和弧形材的伸延接合。如"格肩榫"(任务五图4)"双榫""双夹榫""勾挂榫""锲钉榫""半榫""通榫"等等。

构件组合。还有一类是将三个构件组合一起相互连结的构造方法,这种方法除运用以上的一些榫卯联合结构外,还有一些更为复杂和特殊的做法。如常见的有"托角榫""长短榫""抱肩榫""粽角榫"(任务五图5)等。

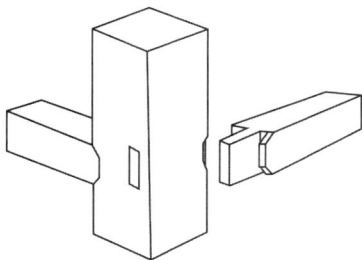

任务五图4 格肩榫

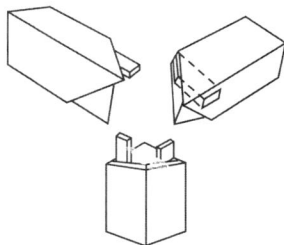

任务五图5 粽角榫

任务六
TASK SIX
查阅模板工程相关技术规范

在工程施工中,需要满足和遵循相关的技术规范。如何通过各种途径查阅相关规范,获取相关信息,是工程技术人员必备的技术信息能力。

以小组为单位,查阅模板工程相关规范内容。要求集体到图书馆查阅一本以上的相关技术规范,获取与模板工程相关的条文,并进行抄录。由组长填写学习任务单。

学 习 任 务 单

查阅规范种类	《混凝土结构工程施工质量验收规范》(GB 50204—2015)　□ 《公路桥涵施工技术规范》(JTG/ T 3650—2020)　□ 《公路钢结构桥梁设计规范》(JTG D64—2015)　□
小组成员与分工	组　　　长＿＿＿＿＿＿＿＿＿＿＿＿＿＿＿＿＿＿＿＿＿＿ 网络信息收集＿＿＿＿＿＿＿＿＿＿＿＿＿＿＿＿＿＿＿＿＿ 图书资料查找＿＿＿＿＿＿＿＿＿＿＿＿＿＿＿＿＿＿＿＿＿ 咨 询 导 师＿＿＿＿＿＿＿＿＿＿＿＿＿＿＿＿＿＿＿＿＿＿ 其　　　他＿＿＿＿＿＿＿＿＿＿＿＿＿＿＿＿＿＿＿＿＿.
学习查阅目的	明确规范对模板的要求□　知道规范的重要性□ 了解收集信息的途径□　激发专业兴趣□　增加学习力学的兴趣□
相关条文抄录	
学习效果自评	团队合作□　工作效率□　交流沟通能力□　获取信息能力□ 写作能力□　表达能力□ (根据小组完成任务情况填写 A:优秀 B:良好;C:合格;D:有待改进)
要求	1.以小组为单位,小组成员分工协作,共同讨论; 2.小组成员按照分工,广泛收集有效信息

任务七
TASK SEVEN

制订学期力学专题研讨会实施方案

学期末举行力学专题研讨会,分组集体汇报学习成果并提交作品。

具体要求如下:

1. 主题

题目自拟。以课程实践学习任务或道路桥梁工程事故为内容,拟分析道路、桥梁、建筑结构、工程机械的构件结构、受力特点和提高强度、刚度、稳定性的措施;或分析事故的工程背景、事故原因等与之相关的力学问题等。

2. 目的

通过专题研讨,培养和提高学生思想道德水平、力学思维能力、分析和解决问题能力,同时考查学生采集与处理信息、综合分析、表达交流、团队合作、探索创新等方面的能力与素质。

3. 要求

(1)以学习小组为单位制订完整的实施计划,明确每个成员的任务,集体研讨与个人钻研相结合,共同完成学习任务。

(2)每个组要自拟题目,写出不少于1 000字的研究报告,并且归纳出50~100字的学习体会,谈谈真实感想。对力学课程学习方式、学习收获与教学建议,以及对本次小组学习活动情况进行归纳总结。

(3)每个小组根据研究主题和研究报告,完成小组汇报课件一个。制作的PPT不少于15张,要求主题明确,排版合理,图形清晰,制作美观。

(4)答辩:每个组确定一名主发言人,发言时间不超过5分钟,其他成员作补充发言。每组发言时间不超过10分钟,每位小组成员都要发言或板书或绘图。

(5)每个小组发言完后,由参加专题研讨会的其他学生提出若干问题,由发言组同学记录下来分别做回答准备。待所有小组汇报完毕,从第一组开始依序对所提问题进行回答。如果对所提出的问题不能当即回答时,可以通过上网搜索和去图书馆查阅资料后,写成书面文字交给力学老师。

(6)学生讨论结束后由力学老师作简要点评。

任务八
TASK EIGHT
现浇混凝土箱梁模板受力计算任务

【背景介绍】"工程模板"在路桥施工中应用非常广泛,它直接影响工程的质量、安全、建设速度和效率等。所以施工方在进行混凝土施工时必须对所采用的模板进行验算,保证模板具备足够的强度、刚度。

【能力目标】通过教师的启发和学生分组研讨完成本任务,使学生能够运用所学力学知识解决分析工程实际问题。

【知识内容】力学模型的建立、荷载的组合、受力图的绘制、梁的强度刚度计算。

任务八图1　现浇箱梁支架示意图

一、现浇混凝土箱梁模板支架概况

箱梁模板主要包括底模、腹板外侧模、翼缘模板和内模,除腹板外侧模和翼缘模板(含圆角模板)采用定型钢模板外,其余均采用15mm厚竹胶模板(10cm×10cm方木),利用方木、型钢或带顶撑螺杆的脚手管支撑等加固。两底模竹胶板中心间距在腹板等实心段处为20cm,非实心处为30cm。内模紧贴竹胶板的方木,其中心间距为20cm。翼缘板支撑架立杆在[10槽钢分配梁上固定时,应在[10 槽钢分配梁上焊接短钢筋头,并将钢筋头插进脚手管立管底口。现浇箱梁支架示意图如任务八图 1 所示。满堂支架结构图如任务八图 2 所示。

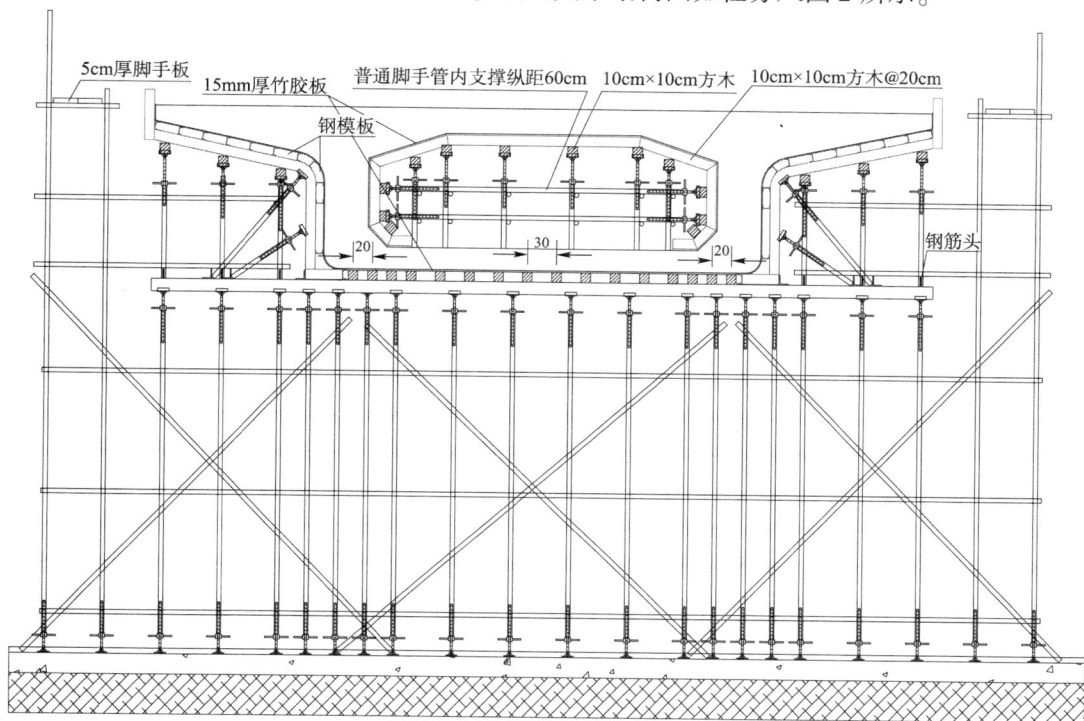

任务八图 2　满堂支架结构图(尺寸单位:cm)

二、材料参数及材料性质

(1)《建筑施工碗扣式钢管脚手架安全技术规范》(JGJ 166—2016)规定,碗扣式钢管脚手架钢管的公称尺寸宜为 $\phi48.3 \times 3.5\text{mm}$,但市面上的碗扣式钢管脚手架周转材料各类壁厚都有,为保证施工中支架的绝对安全,本任务中碗扣式钢管脚手架钢管按市面上最不利的 $\phi48 \times 2.5\text{mm}$ 计算,其横截面面积 $A = 3.574\text{cm}^2$,截面惯性矩 $I = 9.276\text{cm}^4$,回转半径 $i = 1.611\text{cm}$。碗扣式钢管脚手架为 Q235A 钢材,其屈服强度应力值为 235MPa,抗压强度设计值 $f = 205\text{MPa}$。

(2)根据《建筑施工扣件式钢管脚手架安全技术规范》(JGJ 130—2011),顶底托的轴心抗压强度设计值为 $N = 40\text{kN}$。

(3)根据《钢结构设计标准》(GB 50017—2017),Q235A 钢材板厚≤16mm 时,抗拉抗压强度设计值 $f = 215\text{MP}$,抗剪设计强度值 $f_v = 125\text{MPa}$。

(4)根据《木结构设计标准》(GB 50005—2017),TC11B 级杉木抗弯强度设计值 $f_m = 11\text{MPa}$,顺纹抗剪强度设计值 $f_v = 1.2\text{MPa}$。

(5)根据《建筑施工模板安全技术规范》(JGJ 162—2008),15mm 厚覆面 3 层竹胶合板抗弯强度设计值 $f_{jm} = 37\text{MPa}$,弹性模量 $E = 10\,584\text{N/m}^2$;15mm 厚覆面 5 层竹胶合板抗弯强度设计值 $f_{jm} = 35\text{MPa}$,弹性模量 $E = 9\,898\text{N/m}^2$,这里按 5 层板考虑。

(6)根据《混凝土结构设计规范(2015 年版)》(GB 50010—2010),C25 混凝土的抗拉强度

设计值 $f_t = 1.27\text{MPa}$。

三、模板计算

1. 静荷载

腹板、横隔板及倒角加厚段等部位立杆纵横距按 $60\text{cm} \times 30\text{cm}$ 布置,标准段及翼缘板立杆纵横距按 $60\text{cm} \times 60\text{cm}$ 布置,最大步距按 1.2m 布置。

标准段底板荷载: $q_1 = 26 \times (0.22 + 0.20) = 10.92 (\text{kN/m}^2)($立杆 $60\text{cm} \times 60\text{cm})$

梁端根部实心段荷载: $q_2 = 26 \times 2.0 = 52 (\text{kN/m}^2)($立杆 $30\text{cm} \times 60\text{cm})$

横隔板荷载: $q_3 = 26 \times 1.6 = 41.6 (\text{kN/m}^2)($立杆 $30\text{cm} \times 60\text{cm})$

翼缘荷载: $q_4 = 26 \times 0.5 = 13 (\text{kN/m}^2)($立杆 $60\text{cm} \times 60\text{cm})$

加厚段荷载: $q_5 = 26 \times (0.42 + 0.40) = 21.32 (\text{kN/m}^2)($立杆 $30\text{cm} \times 60\text{cm})$

内支架、定型钢模板及内模等: $q_6 = 3.0 (\text{kN/m}^2)$

加密处脚手管自重(支架高按10m考虑):

$q_7 = (7.41 + 1.67 + 2.82)/0.3/0.6/1.2 = 55.1 (\text{kg/m}^3) = 0.551 (\text{kN/m}^3)$

非加密处脚手管自重(支架高按10m考虑):

$q_8 = (7.41 + 2.82 + 2.82)/0.6/0.6/1.2 = 30.2 (\text{kg/m}^3) = 0.302 (\text{kN/m}^3)$

2. 施工活荷载

人员: $q_9 = 1.0\text{kN/m}^2$

混凝土倾倒及振捣: $q_{10} = 2.0\text{kN/m}^2$

以上活荷载总计为: $3.0 + 1.0 = 3.0 (\text{kN/m}^2)$

3. 木方分配梁计算

根据《建筑施工模板安全技术规范》(JGJ 162—2008),分配梁可根据实际情况按连续梁、简支梁等模型计算,其强度值按下式计算:

$$\sigma = \frac{M_{max}}{W} \leqslant f_m$$

其中,M_{max} 为最不利弯矩设计值,取均布荷载与集中荷载分别作用时计算结果的最大值。

(1)实心段

腹板处相邻方木中心间距20cm,方木跨距60cm。

实心段处单根方木上承受的最大设计线荷载为:

$q = 1.2 \times 0.2 \times 2.0 \times 26 = 12.48 (\text{kN/m})$

按跨中处集中荷载计算时,其弯矩值较均布荷载计算更不利,因此,最不利弯矩设计值为:

其顺纹方向的最大弯曲正应力为:

方木截面为矩形截面,其最大剪应力为平均剪应力1.5倍,即顺纹方向承受的最大剪应力为:

（2）非实心段

非实心段处单根方木承担的荷载重量远小于实心段处，在此不作计算，其中心间距按 30cm 布置。

4. 竹胶板底（侧）模计算

按 15mm 厚 5 层竹胶板考虑，其抗弯强度设计值 $f_{jm}=35MPa$，弹性模量 $E=9\,898N/m^2$。

根据《建筑施工模板安全技术规范》（JGJ 162—2008），面板可按简支模型计算，竹胶板面板强度值按下式计算：

$$\sigma_j = \frac{M_{max}}{W_j} \leqslant f_{jm}$$

其中，M_{max} 为最不利弯矩设计值，取均布荷载与集中荷载分别作用时计算结果的最大值。

（1）实心段

实心段（腹板）处方木中心距 20cm，取 1m 宽混凝土作为计算单元，实心段上竹胶板线荷载设计值 $q=1.2 \times 1 \times 2.0 \times 26 = 62.4(kN/m)$（动荷载忽略不计）。

因此，简支模型下，均布荷载作用下的最大弯矩出现在跨中，其值为：

———。

集中荷载作用在跨中时弯矩出现最不利值，跨中弯矩最不利值为：

——。

显然，集中荷载作用下的弯矩最大，即 $M_{max}=M_{集中}=0.624(kN \cdot m)$。

因此，竹胶板最大弯曲正应力为：

——。

竹胶板挠度按均布荷载计算，其计算跨距应按净距计算，因此，挠度值为：

——。

（2）非实心段

非实心段处方木中心距 30cm，取 1m 宽混凝土作为计算单元，混凝土厚度按 0.5m 考虑，其余荷载按混凝土荷载的 0.5 倍考虑，则竹胶板承受的设计线荷载 $q=1.2 \times 1 \times 0.5 \times 26 \times 1.5 = 23.4(kN/m)$。

按集中荷载计算时，竹胶板弯矩出现最不利值，因此，竹胶板最大弯曲正应力为：

——。

竹胶板挠度按均布荷载计算，其计算跨距应按净距计算，因此，挠度值为：

——。

5. 型钢分配梁（主楞）计算

根据《建筑施工模板安全技术规范》（JGJ 162—2008），分配梁可根据实际情况按连续梁、简支梁等模型计算，其强度值按下式计算：

$$\sigma = \frac{M_{max}}{W} \leqslant f_m$$

其中，M_{max} 为最不利弯矩设计值，取均布荷载与集中荷载分别作用时计算结果的最大值。

脚手管立柱横距 30cm、纵距 60cm 布置时，型钢分配梁受力最不利处为 2.0m 高箱梁梁端

根部处,且按集中荷载计算时其受力最不利,最不利弯矩设计值为:

$M_1 = (1.2 \times 52 + 1.2 \times 3.0 + 1.4 \times 3.0) \times 0.6 \times 0.3^2/4 = 0.95 (\text{kN} \cdot \text{m})$;

剪力设计值为:$Q_1 = (1.2 \times 52 + 1.2 \times 3.0 + 1.4 \times 3.0) \times 0.6 \times 0.3/2 = 6.32 (\text{kN})$。

脚手管立柱横距60cm、纵距60cm布置时,受力最不利处为标准段,且按集中荷载计算时其受力为最不利,最不利弯矩设计值为:

$M_2 = (1.2 \times 10.92 + 1.2 \times 3.0 + 1.4 \times 3.0) \times 0.6 \times 0.6^2/4 = 1.13 (\text{kN} \cdot \text{m})$;

剪力设计值为:$Q_2 = (1.2 \times 10.92 + 1.2 \times 3.0 + 1.4 \times 3.0) \times 0.6 \times 0.6/2 = 3.76 (\text{kN})$。

因此,2.0m高梁端根部处[10槽钢分配梁受力最不利。

[10槽钢分配梁最大弯曲正应力:

_____。

[10槽钢分配梁最大剪应力为:

_____。

附　　录

附录一
APPENDIX ONE
工程力学课程教学大纲

适用专业：道路与桥梁工程技术、道路养护与管理、城市轨道交通工程技术、港口与航道工程技术、建筑工程技术、建设工程监理、工程造价等。

一、课程目的

使学生掌握交通土建工程建设的施工、监理、维护、管理技术人员所必需的工程力学基础知识和基本技能；具备一定的力学知识的应用能力，即能将力学分析方法与交通土建类专业其他相关课程相结合的能力；具备今后在生产第一线运用力学分析方法解决工程中遇到的简单力学问题的能力。同时，结合本课程的特点，培养学生的力学素质，逐步培养学生观察分析问题和解决问题的能力；注意培养学生科学的思想方法和工作方法。为今后从事生产第一线的技术和管理工作以及职业生涯可持续发展打下基础。

二、学习任务

（1）对静定结构进行受力分析；
（2）利用平面力系平衡条件计算约束反力；
（3）能够定量计算和定性分析梁、柱的强度、刚度、稳定性问题；
（4）会操作材料力学性能试验仪器，测定金属材料的机械性能；
（5）能够运用所学力学知识，解决与力学相关的简单工程问题；
（6）能够完成个人或小组的实践学习任务。

三、教学内容与目标

内容模块	学习任务	学习目标	教学活动形式
力学基本概念	力学与工程（课程引入）	1. 能叙述工程力学的研究对象和研究任务； 2. 会解释力学基本概念； 3. 能叙述静力学基本公理； 4. 会计算力矩与力偶矩	讲授式 谈话式 实践活动式 自主学习式
	力学基本概念		
	力偶矩的计算		
	力矩的计算		

续上表

内容模块	学 习 任 务	学 习 目 标	教学活动形式
绘制 受力图	绘制工程结构的力学简图 约束与约束反力的画法 绘制物体的受力图	1.能按约束类型确定约束反力; 2.会判断二力构件; 3.能绘制工程结构的结构简图并绘制出其受力图	讲授式 研讨式 自主学习式
平衡计算	平衡方程 计算三铰支架支座反力 计算刚架支座反力 计算单跨梁支座反力 计算静定多跨梁支座反力	1.会运用平衡方程计算各种静定结构的约束反力; 2.能熟练计算单跨梁的支座反力; 3.能用平衡条件分析工程实践中的平衡问题	讲授式 谈话式 研讨式 实践活动式 合作学习式 考核式
拉(压)构件 受力分析	轴向拉(压)杆内力分析 轴向拉(压)杆变形分析 选择轴向拉(压)杆截面尺寸 轴向拉(压)杆强度校核 轴向拉(压)杆容许荷载的确定 材料的力学性能分析 材料的力学性能试验	1.能判断工程构件是否属于轴向拉压杆; 2.会计算轴向拉压杆的内力并画出轴力图; 3.能够熟练应用强度条件; 4.会操作万能试验机; 5.会计算轴向拉压杆的变形; 6.能阐述材料力学性能的各项指标	讲授式 谈话式 研讨式 小组学习式 实践活动式 自主学习式
剪切构件 受力分析	连接件的内力分析	1.会分析各种连接件的剪切强度; 2.能叙述剪切胡克定律	讲授式 研讨式
扭转构件 受力分析	扭转构件的内力分析 扭转构件的强度刚度计算	能够分析圆轴的扭转强度与刚度问题	讲授式 研讨式
弯曲构件 受力分析	梁的内力计算 方程法绘制梁结构的内力图 简捷法绘制梁的内力图 叠加法绘制梁结构的内力图 形心和静矩的计算 惯性矩的计算 梁结构的强度校核 梁结构截面尺寸的选择 梁结构容许荷载的确定 梁结构的变形计算 叠加法计算梁的变形	1.会计算工程结构横截面的形心和惯性矩; 2.会利用三种方法绘制梁的内力图; 3.会分析工程中各种静定梁结构的强度、刚度问题; 4.能用叠加法计算梁的变形; 5.知道提高梁的强度和刚度的主要措施	讲授式 研讨式 实践活动式 小组活动式 合作学习式 自主学习式 竞赛式 考核式

续上表

内容模块	学习任务	学习目标	教学活动形式
组合变形构件受力分析	斜弯曲构件的受力特点	1. 会分析工程实践中各种组合变形构件的强度问题； 2. 知道截面核心的概念	讲授式 研讨式
	斜弯曲构件的强度计算		
	偏心压缩构件的受力特点		
	偏心压缩构件的强度计算		
压杆稳定性分析	压杆失稳的危害性分析	1. 能认识压杆失稳在工程中的危害性； 2. 会对细长压杆进行稳定性分析； 3. 知道提高压杆稳定性的措施	讲授式 研讨式 自主学习式
	细长压杆柔度计算		
	细长压杆稳定性计算		

四、实践教学的内容和基本要求

序　号	项　目	基 本 要 求	课　时
1	材料的拉伸压缩试验	1. 测定低碳钢的机械性质：屈服极限 σ_s、强度极限 σ_b、延伸率 δ 及断面收缩率 Ψ；测定铸铁的机械性质：强度极限 σ_b； 2. 测定铸铁的抗压强度极限 σ_b，低碳钢压缩时的屈服极限 σ_s，观察铸铁和低碳钢压缩时的破坏现象； 3. 通过拉伸试验，比较塑性材料和脆性材料机械性质的区别	2
2	圆轴的扭转试验	1. 测定低碳钢的剪切弹性模量，验证扭转时的胡克定律； 2. 观察比较低碳钢和铸铁在扭转时的破坏现象	2
3	梁的弯曲正应力电测试验	1. 学习用电测法测量应力的方法； 2. 测定弯曲时的中点挠度并与理论共识进行比较； 3. 研究纯弯曲梁的应力分布； 4. 验证直梁弯曲正应力计算公式	2
4	实践学习项目	1. 根据学习任务单，以小组为单位合作完成学习项目规定的学习任务，有相应的学习成果； 2. 计算由型钢和钢板组成的组合截面图形的几何性质，完成计算说明书一份（包括计算过程和作图）； 3. 绘制梁的弯曲内力图。任选三种梁之一，其上作用有两种以上荷载，完成支座反力和控制截面内力的计算说明书，绘制梁的剪力图、弯矩图； 4. 对梁的强度计算作一全面训练。强度部分包括内力图、截面选择及主应力校核等，完成计算说明书和作图； 5. 工程结构的力学知识应用分析计算。根据任务书对建筑或桥梁等实际结构做受力分析和强度、刚度计算，完成计算说明书和图纸一份； 6. 完成课外阅读、视频观看人物，按要求撰写的学习体会，填写学习任务单	课外

续上表

序　号	项　目	基本要求	课　时
5	考察调研活动	1. 以学习小组为单位,自拟考察见习、施工现场调研项目; 2. 考察见习工作计划,分工及职责; 3. 明确地点、单位、项目名称、考察或调研项目概况等; 4. 分析考察或调研的对象与力学相关的知识(如:定理、定义、力学模型、力学基本计算等); 5. 完成考察见习报告及小组活动考核评价	课外
6	学生专题研讨会	1. 每学期一次学生专题研讨,按小组项目集体准备; 2. 每个组要写出不少于1 000字的发言稿,并且写出大约100字的摘要,3~4个关键词并列出参考文献; 3. 学生应掌握采集与处理信息、综合分析的能力,具有表达交流、团队合作、探索创新等方面的能力与素质	课外

五、教学方法

(1)在教学过程中,应立足于加强学生知识运用能力的培养,根据教学内容模块,确定相应的教学方法和手段。采用问题导向和任务驱动方式,以实践学习任务引导,提高学生学习兴趣,激发学生的成就动机。

(2)本课程教学的关键是"理论与实践相结合",在教学过程中,教师的教学与学生练习互动,学生自主学习与教师指导有机结合,让学生在"教学做练"的过程中,会运用所学力学知识解决与力学相关的简单工程问题。

(3)在教学过程中,要创设与工作相关的学习情境,以梁、柱为载体,在研究分析工程案例的学习过程中培养学生的力学素养,提高学生力学知识的应用能力。

(4)在教学过程中,要应用多媒体、投影、试验室、网络学习平台、课程网站、师生个人空间等教学资源辅助教学,帮助学生熟悉施工现场的相关岗位工作内容。

(5)在教学过程中,要重视本专业领域新技术、新工艺、新材料的发展趋势,贴近工地现场,为学生提供职业生涯发展的空间,努力培养学生参与社会实践的创新精神。

(6)教学过程中教师应严谨务实,敬业奉献,积极引导学生提升职业素养,培养职业精神和职业道德。

附录二
APPENDIX TWO
工程力学课程授课进度计划

序号	授 课 内 容	课时	备 注
1	导论 单元一:基本概念　静力学基本公理　力矩概念及其计算　力偶与力偶矩	2	成立力学学习小组
	单元一:力的平移定理　约束和约束反力　受力图(1、2)	2	
2	单元一:受力图(3、物体系统的受力图)	2	上交小组学习活动计划
	单元二:平面汇交力系的合成与平衡条件应用　平面力偶系的合成与平衡条件	2	
3	单元二:平面任意力系的简化　平面任意力系的平衡条件及其应用	2	下发现场考察调研单
	单元二:单跨梁的反力求法	2	
4	单元三:力在空间直角坐标轴上的投影　力对轴的矩	2	
	单元三:空间力系的平衡方程　物体的重心	2	
5	机动(测试)	2	组织学生工程现场见习
	单元四:轴向拉(压)杆的内力与轴力图　轴向拉(压)杆横截面上的正应力	2	
6	单元四:轴向拉(压)杆的强度计算　轴向拉(压)杆的变形计算	2	
	单元四:材料在拉伸和压缩时的力学性能	2	
7	低碳钢、铸铁拉压试验	2	下发学习任务书
	单元五:　连接的实用计算	2	
8	单元六:圆轴扭转的概念　扭转时的内力与扭矩图　圆轴扭转的强度计算	2	
	单元六:圆轴的扭转变形和刚度计算　矩形截面杆扭转时的应力简介	2	
9	低碳钢、铸铁扭转试验	2	小组活动检查
	期中考试(笔试＋答辩)	2	
10	单元七:静矩和形心　惯性矩、极惯性矩和惯性积	2	检查论文提纲
	单元七:惯性矩的平行移轴公式　转轴定理、主惯性轴和主惯性矩	2	
11	单元八:概述　剪力图和弯矩图	2	
	单元八:剪力、弯矩和荷载集度间的微分关系	2	
12	单元八:叠加法作弯矩图	2	内力图竞赛
	单元九:纯弯曲梁横截面上的正应力　梁的正应力强度条件	2	

序号	授 课 内 容	课时	备 注
13	弯曲试验	2	布置课程 学习任务
	单元九:梁的剪应力强度条件　提高梁弯曲强度的措施　梁的主应力与强度理论	2	
	机动(测试)	2	
14	单元十:梁的变形与刚度计算	2	指导课外 学习项目
	单元十一:组合变形的分析方法简介　斜弯曲	2	
15	单元十一:偏心压缩	2	
	单元十二:压杆稳定的概念　临界力的欧拉公式	2	
16	单元十二:压杆的稳定计算	2	举办专题 研讨会

附录三
APPENDIX THREE
工程力学课程课外考察（调研）报告单

班级		姓名		年　月　日
考察（调研）内容	记录考察地点、项目名称及工程概况，主要观察的工程结构或构件、调研对象等			
与力学相关的知识描述	阐述相关公理、定理、定义，力学模型，外力、内力、强度、刚度的计算等			
主要收获				
不足之处	自己应该改进的方面与改进措施			
教学建议	对教学安排及指导教师的建议			
组长签名				年　月　日
教师批阅				年　月　日

附录四
APPENDIX FOUR
工程力学课程学习小组活动记录表

班级		年　月　日
学习小组成员	组长： 成员：	
小组活动项目		
小组活动分工		
活动记录	活动的计划或方案；活动的过程；活动的结论	

续上表

班级				年 月 日					
		内容							
		学习目标			评价项目				
小组活动评分内容	职业能力	1.确定或自拟学习项目的主题,编制计划或研究方案			选定或自拟一个有创意的学习项目主题				
					制订一个完整、可行的小组活动计划				
					编写论文写作提纲或试验工作步骤				
		2.收集与研究主题有关的资料信息,所搜集的信息、资料或素材具有典型性,内容完整			能确定需收集信息的内容及途径				
					所搜索的信息、素材质量				
					能拍摄工程现场素材的数码相片				
		3.制作反映学习成果的专题作业,内容完整,信息丰富,计算准确。有自己的风格和创意,汇报答辩有一定的观赏性			撰写论文、报告,填写小组活动记录表				
					汇报课件的制作水平与课件演示效果				
					学习活动总结(收获体会与建议)编制计算说明书及绘图				
	关键能力	4.与人合作、沟通能力			在团队活动中围绕学习任务能积极协同工作				
		5.组织、活动能力			在团队中的角色和独立完成任务的能力				
		6.交流表达能力			口头表达、文字表达能力				
		7.解决问题能力			完成学习任务过程中解决问题所起的作用				
		8.创新能力			对完成工作能提出合理建议及措施、办法				

小组活动评分	评分项目 / 姓名	职业能力			关键能力				
		1	2	3	4	5	6	7	8
	自我评分(5分)								
	小组互评(5分)								

组长签名				年 月 日
指导教师意见(签名)				年 月 日

附录五
APPENDIX FIVE
工程力学课程学习任务报告单

班级		姓名		年　月　日
学习项目简述	题目			
	学习目标与要求			
学习项目的实施计划与过程描述	介绍项目小组组成、项目实施计划、说明项目实施所需的知识准备、资料收集、工具、场地、时间等，实施过程也可以用流程图来表示			
主要学习成果	列出学习成果目录(可以是实物、研究报告、电子文档、PPT 课件、制作光盘、论文与计算说明书、数码相片等多种形式组成)			
自我评价	从学习态度、学习能力、工作能力、学习效果等方面陈述			
学习收获与不足之处	自己应该改进的方面与改进措施			
建议	对教学安排及指导教师的建议			
组长签名				年　　月　　日
教师批阅				年　　月　　日

参考答案
REFERENCE ANSWER

单元一　导论与静力学基本知识

1. 判断题

1-1. √；　1-2. √；　1-3. ×；　1-4. ×；　1-5. ×；　1-6. ×；　1-7. √；　1-8. ×；　1-9. √；
1-10. ×；　1-11. √；　1-12. √；　1-13. √；　1-14. √；　1-15. ×；　1-16. ×；　1-17. √；
1-18. √

2. 填空题

1-19. 大小;方向;作用点

1-20. 零;静止;匀速直线;平面汇交力系

1-21. 拉伸与压缩;剪切;扭转;弯曲

1-22. 集中荷载;分布荷载

1-23. 该力;力系;力系中所有的力;该力

1-24. 二力构件;连线

1-25. 力矩

1-26. 逆时针

1-27. 矩心

1-28. 附加力偶

1-29. 研究对象

1-30. 光滑面;固定端;可动铰;链杆

1-31. a) AD 杆;b) AB 杆;c) AD 杆

1-32. 连续性假设;各向同性假设;小变形假设

3. 选择题

1-33. B；　1-34. D；　1-35. D；　1-36. A；　1-37. D；　1-38. A；　1-39. A；　1-40. B；
1-41. B；　1-42. B

4. 作图题(略)

5. 计算题

1-46. a) $M_0(\boldsymbol{F}) = -Fh$;b) $M_0(\boldsymbol{F}) = 0$;

c)$M_O(\boldsymbol{F}) = -Fh$;d)$M_O(\boldsymbol{F}) = -\dfrac{2\sqrt{3}}{3}Fh$;

e)$M_O(m) = -40\text{kN} \cdot \text{m}$;f)$M_O(m) = 50\text{kN} \cdot \text{m}$。

1-47.(1)$-73\,920\text{N} \cdot \text{m}$;(2)$295.68\text{N} \cdot \text{m}$;(3)$P_{\min} = 209.1\text{N}$。

1-48. $P = \dfrac{\sqrt{2rh - h^2}}{h}G$; $P_{\min} = \dfrac{\sqrt{2rh - h^2}}{r}G$。

1-49. 2.31m。

1-50. $M_A(\boldsymbol{G}) = -46.5\text{kN} \cdot \text{m}$(顺时针转向);

　　　$M_A(\boldsymbol{F}) = 37.13\text{kN} \cdot \text{m}$(逆时针转向);该挡土墙不会倾倒。

1-51. $M_A(\boldsymbol{G_1}) = -82.5\text{kN} \cdot \text{m}$(顺时针转向);

　　　$M_A(\boldsymbol{G_2}) = -240\text{kN} \cdot \text{m}$(顺时针转向);

　　　$M_A(\boldsymbol{P}) = 144\text{kN} \cdot \text{m}$(逆时针转向);

　　　$M_A(\boldsymbol{G_1})$、$M_A(\boldsymbol{G_2})$ 为顺时针转向的力矩,使墙趋于稳定。

　　　$M_A(\boldsymbol{P})$ 为逆时针转向的力矩,有使墙绕 A 点倾倒的趋势。

1-52.(a)$M = -\boldsymbol{P} \cdot d$;(b)$M = \boldsymbol{P} \cdot r \cdot \sin a$。

单元二　平面结构的受力分析与平衡计算

1. 判断题

2-1. √ ; 2-2. × ; 2-3. √ ; 2-4. √ ; 2-5(1) × ;(2)√ ; 2-6. √ ; 2-7. × ;

2-8. √ ; 2-9. × ; 2-10. √

2. 填空题

2-11. 0

2-12. 自行封闭

2-13. 平面汇交力系的合力在任一坐标轴上的投影等于力系中各分力在同一轴上投影的代数和

2-14. 力偶矩;无关

2-15. 不能;不能

2-16. 一

2-17. 主矢;主矩

2-18. 外;内;外;内

2-19. 未知力作用线垂直或平行;未知力多

2-20. 等于;求解;多于;不能求解

3. 选择题

2-21. C ; 2-22. B ; 2-23. C ; 2-24. B ; 2-25. D ; 2-26. B ; 2-27. D ; 2-28. B

4. 计算题

2-29. $\begin{cases} X_1 = 35.35\text{N} \\ Y_1 = 35.35\text{N} \end{cases}$ $\begin{cases} X_2 = -30\text{N} \\ Y_2 = 51.96\text{N} \end{cases}$ $\begin{cases} X_3 = -90\text{N} \\ Y_3 = 0 \end{cases}$ $\begin{cases} X_4 = -56.56\text{N} \\ Y_4 = 56.56\text{N} \end{cases}$

2-30. $4qa^2$(逆时针转向)。

2-31. $m_A = -60\text{kN} \cdot \text{m}$；$m_B = 60\text{kN} \cdot \text{m}$；$m_C = -20\text{kN} \cdot \text{m}$；$m_D = 0$。

2-32. (1) $\begin{cases} X_1 = 173.2\text{N} \\ Y_1 = 100\text{N} \end{cases} \begin{cases} X_2 = -173.2\text{N} \\ Y_2 = 100\text{N} \end{cases} \begin{cases} X_3 = -100\text{N} \\ Y_3 = -173.2\text{N} \end{cases} \begin{cases} X_4 = 86.6\text{N} \\ Y_4 = 50\text{N} \end{cases}$

(2) 合力的大小与方向 $\begin{cases} R = 26.79\text{N}(\text{指向第三象限}) \\ \tan\alpha = 1.7313 \\ \alpha \approx 59°59'(\text{与} x \text{轴所夹锐角}) \end{cases}$

2-33. $T_{AC} = 21.96\text{kN}(\text{拉力})$；$T_{AB} = 15.53\text{kN}(\text{拉力})$。

2-34. a) $F_{BA} = 5.77\text{kN}(\text{拉力})$；$F_{BC} = 11.55\text{kN}(\text{压力})$。

b) $F_{BA} = 8.66\text{kN}(\text{拉力})$；$F_{BC} = 5.77\text{kN}(\text{压力})$。

c) $F_{BA} = 11.55\text{kN}(\text{拉力})$；$F_{BC} = 5\text{kN}(\text{压力})$。

d) $F_{BA} = F_{BC} = 7.07\text{kN}(\text{拉力})$。

2-35. a) $V_A = \dfrac{P}{3}(\downarrow)$；$V_B = \dfrac{P}{3}(\uparrow)$。 b) $V_A = P(\downarrow)$；$V_B = P(\uparrow)$。

2-36. $H_A = 10\text{kN}(\leftarrow)$；$V_A = 0$；$V_B = 20\text{kN}(\uparrow)$。

2-37. $V_A = 12\text{kN}(\uparrow)$；$M_A = 8\text{kN} \cdot \text{m}(\text{逆时针转向})$。

2-38. a) $V_A = 20(\uparrow)\text{kN}$；$M_A = 70\text{kN} \cdot \text{m}(\text{逆时针转向})$。

b) $V_A = 90(\uparrow)\text{kN}$；$M_A = 340\text{kN} \cdot \text{m}(\text{逆时针转向})$。

c) $V_A = 22.19\text{kN}(\uparrow)$；$V_B = 52.81\text{kN}(\uparrow)$。

d) $V_A = 30\text{kN}(\uparrow)$；$V_B = 20\text{kN}(\uparrow)$。

e) $V_A = 36.25\text{kN}(\uparrow)$；$V_B = 43.75\text{kN}(\uparrow)$。

f) $V_A = 19.375\text{kN}(\uparrow)$；$V_B = 80.625\text{kN}(\uparrow)$。

g) $V_A = 5\text{kN}(\uparrow)$；$V_B = 15\text{kN}(\uparrow)$。

h) $V_A = 8.125\text{kN}(\uparrow)$；$V_B = 61.875\text{kN}(\uparrow)$。

2-39. a) $V_A = 2\text{kN}(\uparrow)$；$V_B = 8\text{kN}(\uparrow)$；$V_D = 10\text{kN}(\uparrow)$。

b) $V_A = 20\text{kN}(\downarrow)$；$V_B = 45\text{kN}(\uparrow)$；$V_D = 25\text{kN}(\uparrow)$。

c) $V_A = 15\text{kN}(\uparrow)$；$M_A = 65\text{kN} \cdot \text{m}(\text{逆时针转向})$；$V_C = 5\text{kN}(\uparrow)$。

2-40. $N_A = \dfrac{\sqrt{2}}{2}P(AC \text{连线方向})$；$V_B = \dfrac{\sqrt{2}}{2}P(BC \text{连线方向})$。

2-41. a) $V_A = 30\text{kN}(\uparrow)$；$V_B = 30\text{kN}(\uparrow)$。

b) $V_A = 25\text{kN}(\uparrow)$；$V_B = 15\text{kN}(\uparrow)$。

c) $V_A = 20\text{kN}(\downarrow)$；$V_B = 40\text{kN}(\uparrow)$。

d) $V_A = 60\text{kN}(\uparrow)$；$M_A = 320\text{kN} \cdot \text{m}(\text{逆时针转向})$。

2-42. a) $V_A = 2.5\text{kN}(\uparrow)$；$V_B = 32.5\text{kN}(\uparrow)$；$V_D = 15\text{kN}(\uparrow)$。

b) $V_A = 4.83\text{kN}(\downarrow)$；$V_B = 17.5\text{kN}(\uparrow)$；$V_D = 5.33\text{kN}(\uparrow)$。

c) $H_A = \dfrac{M}{a}(\rightarrow)$；$V_C = \dfrac{M}{a}(\uparrow)$；$V_D = \dfrac{M}{a}(\downarrow)$；$H_D = \dfrac{M}{a}(\leftarrow)$。

d) $V_A = 40\text{kN}(\downarrow)$；$H_A = 12\text{kN}(\rightarrow)$；$V_B = 20\text{kN}(\uparrow)$；$H_B = 12\text{kN}(\leftarrow)$。

2-43.提示:先取整体为研究对象,求出 V_A、V_B;再取左半梯 AB 为研究对象;求出绳子的

拉力。$V_B = \dfrac{a}{2l}P(\uparrow)$;$V_C = \dfrac{2l-a}{2l}P(\uparrow)$;绳子的拉力 $N_{DE} = \dfrac{a}{2h}P \cdot \cos\alpha$。

2-44.　$V_A = \dfrac{ql}{2}(\uparrow)$;$V_B = \dfrac{ql}{2}(\uparrow)$;$N_{AB} = \dfrac{4}{3}ql(拉力)$。

2-45.　$H_A = 30kN(\rightarrow)$;$V_A = 45kN(\uparrow)$;$V_B = 30kN(\uparrow)$;$V_C = 15kN(\uparrow)$。

2-46.　$V_A = \dfrac{5}{4}qa(\uparrow)$;$V_B = \dfrac{3}{4}qa(\uparrow)$;$H_A = \dfrac{3}{4}qa(\leftarrow)$;$H_B = \dfrac{1}{4}qa(\leftarrow)$。

2-47.　a)$N_a = 17.32kN(压力)$;$N_b = 0$;$N_c = 20kN(拉力)$。

　　　 b)$N_a = 25kN(压力)$;$N_b = 17.68kN$;$N_c = 12.5kN(拉力)$。

2-48.　$V_B = 157kN(\uparrow)$;$V_C = 73.57kN(\uparrow)$。

2-49.　$V_A = 1\,005kN(\uparrow)$;$H_A = 6.69kN(\leftarrow)$;$M_A = 11.09kN \cdot m(逆时针转向)$。

单元三　空间力系与重心

1.判断题

3-1. ×;　3-2. √;　3-3. ×

2.填空题

3-4.0;　3-5.同一轴;　3-6.该轴力矩;　3-7.xoy;　3-8.三;　3-9.不变;　3-10.重心;

3-11.交点　3-12.$-\dfrac{\sqrt{3}}{3}F$;$-\dfrac{\sqrt{3}}{3}F$;$\dfrac{\sqrt{3}}{3}F$;$\dfrac{\sqrt{3}}{3}Fa$;$-\dfrac{\sqrt{3}}{3}Fa$;0;

3-13.$40N$;$80\sqrt{2}N \cdot m$;$60\sqrt{2}N \cdot m$;0;

3-14.-60;0;80;$320N \cdot m$;$-240N \cdot m$;$300N \cdot m$;

3-15.该轴力矩;

3-16.6;4

3.选择题

3-17. A;　3-18. C;　3-19. B;　3-20. D;　3-21. B;　3-22. C;　3-23. C;　3-24. C;

3-25. D

4.计算题

3-26. $\begin{cases} X_1 = 0 \\ Y_1 = 0 \\ Z_1 = 10 \end{cases}$ $\begin{cases} X_2 = -18 \\ Y_2 = 24 \\ Z_2 = 0 \end{cases}$

3-27. $\begin{cases} M_x(P) = -2.5kN \cdot m \\ M_y(P) = -1kN \cdot m \\ M_z(P) = 0 \end{cases}$

3-28. $x_C = 11cm$;$y_C = 0$。

3-29. $x_C = 8.3\text{mm}; y_C = 1.67\text{mm}$。

3-30. a) $x_C = 19.36\text{mm}; y_C = 41.82\text{mm}$。

     b) $x_C = 11\text{cm}; y_C = 0$。

     c) $x_C = 18.91\text{mm}; y_C = 0$。

3-31. $BE = 0.37a$。

3-32. $x_C = 1.673\text{m}; y_C = 2.15\text{m}$。

单元四　轴向拉(压)杆的变形与强度计算

1. 判断题

4-1. √；　4-2. √；　4-3. ×；　4-4. √；　4-5. √；√；×；　4-6. ×；　4-7. √

2. 填空题

4-8. 重合；伸长；缩短

4-9. 1；10^6；10^9

4-10. 内力；σ；相同；正；负

4-11. 拉；压

4-12. 小；多；安全

4-13. 变形；弹性模量；抗拉；抗拉刚度

4-14. 弹性；屈服；强化；颈缩

4-15. 屈服；颈缩；45°

4-16. 延伸率；断面收缩率；$\delta \geqslant 5\%$；$\delta < 5\%$

4-17. 强度极限；屈服极限

3. 选择题

4-18. C；　4-19. D；　4-20. B；　4-21. A；　4-22. C；　4-23. D；　　4-24. C；　4-25. B；

4-26. A；　4-27. A；　4-28. A；　4-29. B；　4-30. B；　4-31. D

4. 计算题

4-32. a) $N_1 = 10\text{kN}; N_2 = -10\text{kN}$。

     b) $N_1 = P; N_2 = -4P$。

4-33. $N_1 = -20\text{kN}; N_2 = -10\text{kN}; N_3 = 10\text{kN}$。

     $\sigma_1 = -100\text{MPa}; \sigma_2 = -33.3\text{MPa}; \sigma_3 = 25\text{MPa}$。

4-34. $\sigma_1 = 47.78\text{MPa}; \sigma_2 = 70.09\text{MPa}$。

4-35. $\sigma_{\max} = 71.6\text{MPa} < [\sigma]$；螺栓安全。

4-36. 主吊索(竖直吊索)拉力为5kN，选取麻绳直径为29mm；两斜吊索拉力为3.535kN，选取麻绳直径为22mm。

4-37. $\sigma_{\max} = 7.78\text{MPa} > [\sigma]$；杆强度不够，不能安全工作。

4-38. $\sigma_{AB} = 31\text{MPa}; \sigma_{AC} = 37.7\text{MPa}$。

4-39. $\sigma_1 = 1.49\text{MPa}; \sigma_2 = -3\text{MPa}$。

4-40. $\sigma_1 = 134\text{MPa}; \sigma_2 = -4.5\text{MPa}$。

4-41. (1) $[P] = 138\text{kN}$；(2) $A_2 \leqslant 69\,284\text{mm}^2$，选取杆②的面积为 70 000mm^2。

4-42. $[P] = 16kN$。

4-43. $\sigma_{max} = 5.63MPa$，绳索强度足够。

4-44. 杆②的伸长量为 $2.5\Delta l$。

4-45. $d \geqslant 7.7mm$，选取杆的直径为 $8mm$。

4-46. $[W] \leqslant 143.2kN$；选取 $[W] = 140kN$。

4-47. 杆的总变形量 $\Delta l = -0.02mm$；$\sigma_A = -20MPa$。

4-48. (1) 应力：$\sigma_上 = 0.69MPa$，$\sigma_下 = 0.88MPa$。

  (2) 应变：$\varepsilon_上 = 2.31 \times 10^{-4}$，$\varepsilon_下 = 2.92 \times 10^{-4}$。

  (3) C 截面的位移：$1.863mm$。

   B 截面的位移：$1.169mm$。

单元五　连接件的实用计算

1. 判断题

5-1. ×； 5-2. ×

2. 填空题

5-3. 相对错动；挤压

5-4. 平行；Q；不均匀的；均匀；$\tau = \dfrac{Q}{A}$

5-5. 挤压变形

5-6. 拉伸；剪切；挤压

5-7. 比例

5-8. 弹性

3. 选择题

5-9. C； 5-10. B

4. 计算题

5-11. $\tau_{max} = 132.24MPa$；$\sigma_c = 176.47MPa$。

5-12. 按剪切强度条件 $d \geqslant 14.57mm$；按挤压强度条件 $d \geqslant 9.9mm$；取 $d = 15mm$。

5-13. $\tau_{max} = 95.54MPa < [\tau]$；$\sigma_{cmax} = 150MPa < [\sigma]$；强度满足要求。

5-14. 取 $t = 84mm$。

单元六　圆轴的扭转变形与强度计算

1. 判断题

6-1. ×； 6-2. ×

2. 填空题

6-3. 垂直；相反

6-4. 相对转动

6-5. 代数和

6-6. 成正比

6-7. 成正比;相等;直线;零;最大

3. 选择题

6-8. C; 6-9. B; 6-10. C; 6-11. A; 6-12. B

4. 计算题

6-13. $M_{e1-1} = -3\text{kN} \cdot \text{m}$; $M_{e2-2} = 2\text{kN} \cdot \text{m}$;图略。

6-14. (1) $\tau_A = 20\text{MPa}$;$\tau_B = 10\text{MPa}$;$\tau_C = 0$;(2) $\tau_{max} = \tau_A = 20\text{MPa}$。

6-15. $D \geqslant 17.59\text{mm}$;取 $D = 18\text{mm}$;则有 $d = 12\text{mm}$。

6-16. $\tau_A = 35.67\text{MPa}$;$\tau_{max} = 71.33\text{MPa}$;$\varphi = 0.017\,83\text{rad}$。

单元七　截面的几何性质与计算

1. 填空题

7-1. 对称;0

7-2. 惯性矩

7-3. 0

7-4. 主惯性轴;形心主惯性轴;主惯性矩

7-5. 各截面图形

7-6. $\dfrac{1}{6H}(BH^3 - bh^3)$

2. 选择题

7-7. B; 7-8. D; 7-9. B;B

3. 计算题

7-10. $I_{yC} = 1.47 \times 10^7 \text{mm}^4$;$I_{zC} = 7.78 \times 10^7 \text{mm}^4$。

　　　提示:先计算重心坐标:$y_C = 86.67\text{mm}$(以底边中点为原点)。

7-11. 略。

7-12. $I_{zC} = 58.75 \times 10^7 \text{mm}^4$。

7-13. $e = 50\text{mm}$(提示:利用 $I_{yC} = I_{zC}$ 计算)。

单元八　梁的弯曲内力与内力图画法

1. 判断题

8-1. ×; 8-2. √; 8-3. √; 8-4. √; 8-5. ×; 8-6. √; 8-7. ×; 8-8. ×;

8-9. ×; 8-10. √; 8-11. ×; 8-12. √; 8-13. √

2. 填空题

8-14. 纯弯曲

8-15. 大;小

8-16. 截面一侧外力

8-17. 下凸上凹弯矩为正,上凸下凹弯矩为负

8-18. $\dfrac{\mathrm{d}M}{\mathrm{d}x} = Q$;$\dfrac{\mathrm{d}Q}{\mathrm{d}x} = q$;$\dfrac{\mathrm{d}M^2}{\mathrm{d}x^2} = q$

8-19. 水平;斜直

8-20. 斜直;抛物线

8-21. 突变;尖点

8-22. 无变化;突变

3. 选择题

8-23. C; 8-24. A; 8-25. D; 8-26. C; 8-27. A; 8-28. C; 8-29. A; 8-30. B;

8-31. D; 8-32. B

4. 计算题

8-33. a) $M_{1-1} = -\dfrac{Fl}{4}$;$Q_{1-1} = \dfrac{F}{2}$。

b) $M_{1-1} = -26\text{kN} \cdot \text{m}$;$Q_{1-1} = 14\text{kN}$。

c) $M_{1-1} = -qa^2$;$Q_{1-1} = -qa$;$M_{2-2} = -4.5qa^2$;$Q_{2-2} = -2qa$。

d) $M_{1-1} = 0$;$Q_{1-1} = -6\text{kN}$。

e) $M_{1-1} = 2\text{kN} \cdot \text{m}$;$Q_{1-1} = 7\text{kN}$。

f) $M_{1-1} = -17\text{kN}$;$Q_{1-1} = -7\text{kN}$。

8-34. $x = \dfrac{l}{2} - 2$。

5. 作图题

8-35. a) $|M_{\text{max}}| = M_{\text{A}} = M$;$M_{\text{B}} = 0$;$|Q_{\text{max}}| = \dfrac{M}{l}$。

b) $|M_{\text{max}}| = M_{\text{B}} = \dfrac{ql^2}{8}$;$|Q_{\text{max}}| = \dfrac{ql}{2}$。

c) $|M_{\text{max}}| = M_{\text{A}} = \dfrac{ql^2}{2}$;$|Q_{\text{max}}| = ql$。

d) $|M_{\text{max}}| = Fa$;$|Q_{\text{max}}| = F$。

8-36. a) $M_{\text{A}} = 8\text{kN} \cdot \text{m}$；$|M_{\text{max}}| = M_{\text{B}} = 12\text{kN} \cdot \text{m}$；$|Q_{\text{max}}| = 1\text{kN}$。

b) $|M_{\text{max}}| = 8\text{kN} \cdot \text{m}$;$|Q_{\text{max}}| = 12\text{kN}$。

c) $|M_{\text{max}}| = 12\text{kN} \cdot \text{m}$;$|Q_{\text{max}}| = 10\text{kN}$。

d) $|M_{\text{max}}| = 30\text{kN} \cdot \text{m}$;$|Q_{\text{max}}| = 16\text{kN}$。

e) $|M_{\text{max}}| = 5\text{kN} \cdot \text{m}$;$|Q_{\text{max}}| = 6.5\text{kN}$。

f) $|M_{\text{max}}| = 18\text{kN} \cdot \text{m}$;$|Q_{\text{max}}| = 18\text{kN}$。

8-37. a) $|M_{\text{max}}| = M_{\text{C}} = Pa$;$|Q_{\text{max}}| = P$。

b) $|M_{\text{max}}| = 30\text{kN} \cdot \text{m}$;$|Q_{\text{max}}| = 25\text{kN}$。

c) $|M_{\text{max}}| = 10\text{kN} \cdot \text{m}$;$|Q_{\text{max}}| = 15\text{kN}$。

d) $|M_{\text{max}}| = 50\text{kN} \cdot \text{m}$;$|Q_{\text{max}}| = 60\text{kN}$。

e) $|M_{\text{max}}| = 30\text{kN} \cdot \text{m}$;$|Q_{\text{max}}| = 20\text{kN}$。

f) $|M_{\text{max}}| = 10\text{kN} \cdot \text{m}$;$|Q_{\text{max}}| = 20\text{kN}$。

8-38. a) $|M_{max}| = 60\text{kN} \cdot \text{m}$；$|Q_{max}| = 30\text{kN}$。

b) $|M_{max}| = 80\text{kN} \cdot \text{m}$；$|Q_{max}| = 40\text{kN}$。

c) $|M_{max}| = 9\text{kN} \cdot \text{m}$；$|Q_{max}| = 3.5\text{kN}$。

d) $|M_{max}| = Fa$；$|Q_{max}| = qa$。

单元九　梁的弯曲应力与强度计算

1. 判断题

9-1. √；　9-2. ×；　9-3. ×；　9-4. √；　9-5. √；　9-6. ×；　9-7. ×；　9-8. ×；
9-9. ×；　9-10. ×；　9-11. √；　9-12. ×；　9-13. √；　9-14. √；　9-15. ×

2. 填空题

9-16. 垂直;零

9-17. 剪切

9-18. 中性层;形心

9-19. 正应力;零;远

9-20. 上

9-21. 抗弯刚度;抵抗变形

9-22. 工字型

9-23. 抗弯截面模量;截面形状;尺寸;小

9-24. 零;中性轴上

9-25. 单元体

9-26. 单向

3. 选择题

9-27. B；　9-28. A；　9-29. A；　9-30. B；　9-31. A;B；　9-32. B；　9-33. C；　9-34. D；
9-35. C；　9-36. A；　9-37. B；　9-38. A

4. 计算题

9-39. $\sigma_A = 14.42\text{MPa}$；$\sigma_{max} = 36.1\text{MPa}$。

9-40. $\sigma_{max} = 207.4\text{MPa}$。

9-41. $\sigma_{max} = 126.58\text{MPa}$。

9-42. 跨中截面:$\sigma_{拉} = 15.11\text{MPa}$,$\sigma_{压} = 9.62\text{MPa}$。
支座 B 处截面:$\sigma_{拉} = 5.4\text{MPa}$,$\sigma_{压} = 8.49\text{MPa}$。

9-43. (1) $\sigma_{max} = 20\text{MPa}$；(2) $\sigma_{max} = 20\text{MPa} < [\sigma]$,梁的正应力强度满足要求。

9-44. $\sigma_{max} = 156\text{MPa} < [\sigma]$,梁的强度满足要求。

9-45. 选取 $d = 150\text{mm}$。

9-46. 选取 $b = 126\text{mm}$;$h = 378\text{mm}$。

9-47. $[P] = 2\,500\text{kN}$。

9-48. $F_{max} = 18\text{kN}$。

9-49. 略。

9-50. 工字钢№24a。

9-51. 矩形截面梁：$\sigma_{max} = \dfrac{3ql^2}{16a^3}$。

　　　方形截面梁：$\sigma_{max} = \dfrac{3ql^2}{4a^3}$。

9-52. $b = \dfrac{\sqrt{3}}{3}d$，$h = \dfrac{\sqrt{6}}{3}d$。

9-53. $\tau_{max} \approx 8\mathrm{MPa}$。

9-54. $\tau_{max} = 2.08\mathrm{MPa}$。

9-55. （1）$2\mathrm{m} \leqslant x \leqslant 2.66\mathrm{m}$；（2）按最大弯矩发生在中点截面考虑。选取 50b 工字钢。

单元十　梁的变形与刚度计算

1. 判断题

10-1. ×；　10-2. ×；　10-3. √；　10-4. √；　10-5. ×；　10-6. √；　10-7. √

2. 填空题

10-8. 线位移；挠度；中性轴；转角；平面曲线；挠曲线

10-9. $y'' = -\dfrac{M(x)}{EI}$；一阶导数

10-10. 中性轴

10-11. 挠度；转角；下；顺时针

10-12. 单独；代数和；叠加法

10-13. $\dfrac{1}{16}$

10-14. 0

10-15. 减小梁的跨度；选择合理截面；改善荷载作用位置

10-16. 支座

3. 选择题

10-17. D；　10-18. C；　10-19. C；　10-20. A；　10-21. C；B；A；D；　10-22. D

4. 计算题

10-23. a) $y_B = \dfrac{21Fa^3}{6EI}$（↓）；$\theta_B = 0$。

　　　b) $\theta_A = -\dfrac{7ql^3}{24EI}$（逆时针）；$\theta_B = \dfrac{ql^3}{8EI}$（顺时针）；$y_C = -\dfrac{19ql^3}{384EI}$（↑）。

10-24. $y_C = \dfrac{qa^4}{3EI}$（↓）；$y_D = -\dfrac{qa^4}{24EI}$（↑）。

10-25. $[q] = 2.94\mathrm{N/m}$。

10-26. $y_c = \dfrac{pal^2}{16EI} + \dfrac{Ma}{6EI}(2l + 3a)$；$y_D = \dfrac{pl^3}{48EI} - \dfrac{Ml^2}{16EI}$。

10-27. 梁中点处有最大挠度。$y_{max} = 14.4\mathrm{mm}$，$\dfrac{y_{max}}{l} = 0.0024 < \left[\dfrac{f}{l}\right] = \dfrac{1}{400} = 0.0025$，

梁的刚度满足要求。

10-28. $\dfrac{y_{\max}}{l} = \dfrac{0.123\ 4}{6} = 0.002\ 06 < \dfrac{1}{400} = 0.002\ 5$，刚度满足要求。

单元十一　组合变形的分析方法与强度计算

1. 判断题

11-1. √；　11-2. ×；　11-3. √；　11-4. √；　11-5. ×；　11-6. √

2. 填空题

11-7. 叠加原理

11-8. 弯曲；压缩 + 弯曲；扭转

11-9. 1-1；a、c

11-10. 截面核心

3. 选择题

11-11. A；　11-12. B；　11-13. A；　11-14. C；　11-15. D；　11-16. B；　11-17. C；

11-18. A；　11-19. C；　11-20. D

4. 计算题

11-21. 木条矩形截面尺寸为：$h = 182\text{mm}$，$b = 137\text{mm}$；选№16a 工字钢。

11-22. $\sigma_{\max} = 152\text{MPa} < [\sigma] = 160\text{MPa}$，强度足够。

11-23. $\sigma_{\max} = \sigma_2 = 37.96\text{MPa}$；$\sigma_{\min} = \sigma_3 = -37.96\text{MPa}$。

11-24. $\sigma_{\max} = -3.0\text{MPa}$；$\sigma_{\min} = -4.4\text{MPa}$。

11-25. 1-1 截面：$\left.\begin{array}{c}\sigma_{\max} \\ \sigma_{\min}\end{array}\right\} = \left\{\begin{array}{l} -0.104\ 8\text{MPa} \\ -0.520\ 5\text{MPa}\end{array}\right.$

2-2 截面：$\left.\begin{array}{c}\sigma_{\max} \\ \sigma_{\min}\end{array}\right\} = \left\{\begin{array}{l} +0.033\ 3\text{MPa} \\ -0.366\ 7\text{MPa}\end{array}\right.$

3-3 截面：$\left.\begin{array}{c}\sigma_{\max} \\ \sigma_{\min}\end{array}\right\} = \left\{\begin{array}{l} -0.032\text{MPa} \\ -0.068\text{MPa}\end{array}\right.$

11-26. $\sigma_{\max} = 9.37\text{MPa} < [\sigma] = 10\text{MPa}$，拉杆安全。

单元十二　压杆的稳定计算

1. 判断题

12-1. √；　12-2. √；　12-3. ×；　12-4. √；　12-5. ×

2. 填空题

12-6. 杆的长度；杆端约束；截面形状与尺寸

12-7. σ_p；$\lambda < \lambda_p$

12-8. $\lambda_p < \lambda < \lambda_s$

12-9. 约束

12-10. 稳定性

12-11. 减小杆长；改善杆端约束；选择合理截面

3. 选择题

12-12. C；　12-13. D；　12-14. C；　12-15. D

4. 计算题

12-16. 临界力由大到小的顺序为：$P_{cr圆环} > P_{cr正方形} > P_{cr圆形} > P_{cr矩形}$。

12-17.（1）两端铰支时，$P_{cr} = 632kN$；（2）一端固定，一端自由：$P_{cr} = 553kN$。

12-18. $P_{cr} = 35.3kN < P_s = 516kN$。

12-19. $\sigma = 1MPa$，$\varphi = 0.0782$，$\sigma > \varphi[\sigma]$，稳定性不满足要求。

12-20. $n_g = 4.7 > n_{st} = 4$，压杆稳定性满足要求。

12-21. 杉木撑杆所需的直径为212mm。

12-22. AB 梁：$\sigma_{max} = 175.5MPa > [\sigma] = 170MPa$。

CD 柱：$\sigma = 101.58MPa$，$\varphi = 0.5837$，$\sigma < \varphi[\sigma] = 99.23MPa$，均在工程中允许应力偏差小于许可应力在5%范围内，支架安全。

12-23. 许可荷载$[P] = P_{max} = 34kN$。

12-24. $\sigma = 24.5MPa$，$\varphi = 0.5446$，$\varphi[\sigma] = 87.13MPa$，立柱 BC 满足稳定性要求。

项目二 桥梁施工中最佳吊点问题

2-4 分析如下：

假设混凝土梁自身的均布荷载集度为 q，梁的长度为 l，当两吊点 A、B 对称布置在结构中心的两侧时，由于构件自身的重量，将使吊点处产生负弯矩（构件上缘受拉），跨中部分产生正弯矩（构件下缘受拉）。通过对称移动两吊点位置，就可使吊点处的负弯矩值与跨中的最大正弯矩值相等，这时构件配置的主筋数量最省。

绘制混凝土梁的受力图和弯矩图如图 1 所示。

采用截面法计算，得到混凝土梁 A、B 两吊点处截面上的弯矩值为

$$M_A = M_B = -\frac{qa^2}{2}（上边缘受拉）$$

混凝土梁跨中截面上的弯矩值为

$$M_{中} = \frac{ql^2}{8} - \frac{qla}{2}（下边缘受拉）$$

根据等强度理论，当吊点截面的负弯矩值与跨中截面的最大正弯矩值相等，即两吊点对称分布在构件中心的两侧时最为合理。

由此得到

$$M_{中} = M_A = M_B$$

$$\frac{ql^2}{8} - \frac{qla}{2} = \frac{qa^2}{2}$$

$$4a^2 + 4la = l^2$$

解得

$$a = \frac{\sqrt{2}-1}{2}l = 0.207l$$

结论：当 A、B 两点距离梁端部为 $0.027l$ 时，混凝土梁受力最为合理。此时，梁截面上的最大正弯矩与最大负弯矩相等。

2-5 分析如下：

如果梁下截面配筋比上截面多，A、B 两点向外移动对梁受力更合理。当吊点外移时，则 a 值减小，此时吊点的负弯矩减小，跨中正弯矩增大。因梁的中性层以下截面钢筋的配筋增多，抗拉强度得到提高，所以 A、B 两吊点外移对梁的受力更为合理。

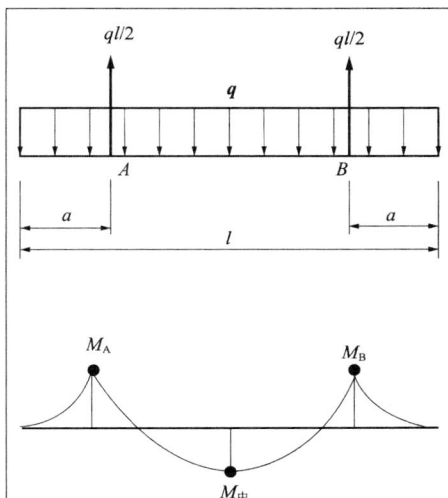

参考文献
REFERENCES

一、参考文献

[1] 陈建平,范钦珊.理论力学[M].3 版.北京:高等教育出版社,2018.

[2] 孙训芳,方孝淑,关来泰.材料力学[M].6 版.北京:高等教育出版社,2019.

[3] 李心宏,等.理论力学[M].5 版.大连:大连理工大学出版社,2008.

[4] 沈养中.工程力学 第一分册[M].4 版.北京:高等教育出版社,2014.

[5] 教育部高等教育司.工程力学[M].北京:高等教育出版社,2000.

[6] 张流芳.材料力学[M].武汉:武汉工业大学出版社,1997.

[7] 和兴锁.理论力学[M].西安:西北工业大学出版社,2001.

[8] 龚志钰,李章政.材料力学[M].北京:科学出版社,1999.

[9] 田津麒.建筑力学[M].北京:人民交通出版社,1998.

[10] 清华大学材料力学教研室.材料力学解题指导与习题集[M].北京:高等教育出版社,1986.

[11] 中交一公局集团有限公司.公路隧道施工技术规范:JTG/T 3660—2020[S].北京:人民交通出版社股份有限公司,2020.

[12] 黄晓明.路基路面工程[M].6 版.北京:人民交通出版社股份有限公司,2019.

[13] 黄平明.结构设计原理[M].2 版.北京:人民交通出版社股份有限公司,2022.

[14] 姚玲森.桥梁工程[M].3 版.北京:人民交通出版社股份有限公司,2021.

[15] 张友全.建筑力学与结构[M].北京:中国电力出版社,2004.

[16] 张美元.工程力学简明教程(土建类)[M].北京:机械工业出版社,2005.

[17] 李前程.工程力学[M].北京:高等教育出版社,2003.

[18] 桂业昆,邱式中.桥梁施工专项技术手册[M].北京:人民交通出版社,2005.

[19] 刘自明.桥梁工程养护与维修手册[M].北京:人民交通出版社,2004.

[20] 周孟波.悬索桥手册[M].北京:人民交通出版社,2003.

[21] 周孟波.斜拉桥手册[M].北京:人民交通出版社,2003.

二、学习网站

1. 湖南交通职业技术学院工程力学国家精品资源共享课学习平台：http://www.icourses.cn/sCourse/course_3521.html

2. 四川大学工程力学国家精品资源共享课学习平台：http://www.icourses.cn/sCourse/course_3184.html

3. 天津大学材料力学国家精品资源共享课学习平台：http://www.icourses.cn/sCourse/course_2243.html

4. 中国路桥网 www.9to.com

5. 中国交通在线 http://www.jiaotongwang.cn/

6. 中国桥梁网 http://www.cnbridge.cn/

7. 隧道网 https://www.tunnelling.cn/

8. 中国工程网 http://www.86gc.net/